Encaminhamentos metodológicos para o ensino de Geografia

Encaminhamentos metodológicos para o ensino de Geografia

Patricia Baliski

2ª edição

inter saberes

Rua Clara Vendramin, 58 . Mossunguê . CEP 81200-170 . Curitiba . PR . Brasil
Fone: (41) 2106-4170 . www.intersaberes.com . editora@intersaberes.com

Conselho editorial	Capa

Dr. Alexandre Coutinho Pagliarini — Luana Machado Amaro (*design*)
Drª Elena Godoy — Siam SK e Rawpixel.com/
Dr. Neri dos Santos — Shutterstock (imagens)
Mª Maria Lúcia Prado Sabatella — Charles L. da Silva (adaptação)

Editora-chefe
Lindsay Azambuja

Projeto gráfico
Mayra Yoshizawa (*design*)
ildogesto e MimaCZ/
Shutterstock (imagem)

Gerente editorial
Ariadne Nunes Wenger

Assistente editorial
Daniela Viroli Pereira Pinto

Diagramação
Tadiane Arabele de Oliveira

Edição de texto
Monique Francis Fagundes Gonçalves

Iconografia
Regina Claudia Cruz Prestes

Dados Internacionais de Catalogação na Publicação (CIP)
(Câmara Brasileira do Livro, SP, Brasil)

1ª edição, 2016.
2ª edição, 2023.

Foi feito o depósito legal.

Informamos que é de inteira responsabilidade da autora a emissão de conceitos.

Nenhuma parte desta publicação poderá ser reproduzida por qualquer meio ou forma sem a prévia autorização da Editora InterSaberes.

A violação dos direitos autorais é crime estabelecido na Lei n. 9.610/1998 e punido pelo art. 184 do Código Penal.

Baliski, Patricia
    Encaminhamentos metodológicos para o ensino de geografia / Patricia Baliski. -- 2. ed. -- Curitiba, PR : Intersaberes, 2023.

Bibliografia.
ISBN 978-85-227-0524-5

1. Ensino – Metodologia 2. Geografia (Ensino fundamental) 3. Geografia – Estudo e ensino 4. Professores – Formação profissional I. Título

23-146390   CDD-910.7

Índices para catálogo sistemático:
1. Geografia : Estudo e ensino   910.7
Eliane de Freitas Leite – Bibliotecária – CRB 8/8415

Sumário

Apresentação | 9
Como aproveitar ao máximo este livro | 12

1. **Geografia escolar: especificidades, objetivos e finalidades** | 17
   1.1 Algumas especificidades da Geografia escolar | 19
   1.2 Objetivos e finalidades da Geografia escolar | 25
   1.3 Geografia escolar e o desenvolvimento de habilidades | 34

2. **A Geografia escolar no Brasil** | 45
   2.1 Geografia escolar e sua periodização | 47
   2.2 Geografia escolar clássica | 49
   2.3 Geografia escolar moderna | 54
   2.4 Geografia escolar crítica | 61

3. **Alternativas metodológicas para o ensino de geografia: recursos audiovisuais e textos escritos** | 81
   3.1 Necessidade de diferentes encaminhamentos metodológicos | 83
   3.2 Vídeos: filmes cinematográficos | 89
   3.3 Músicas | 97
   3.4 Jornais impressos | 103
   3.5 Literatura | 109

4. **Alternativas metodológicas para o ensino de geografia: quadrinhos, imagens e aulas de campo** | 123
   4.1 Muitas alternativas metodológicas no ensino de geografia | 125
   4.2 Charges, cartuns, histórias em quadrinhos e tirinhas | 127

4.3 Imagens | 133

4.4 Estudos do meio e aulas de campo | 143

5. **Produção de materiais didáticos no ensino de geografia | 161**

    5.1 Relevância e necessidade do concreto | 163

    5.2 Maquetes | 167

    5.3 Materiais táteis | 170

    5.4 Perfis de solos | 173

    5.5 Pluviômetros | 176

6. **Alfabetização cartográfica | 189**

    6.1 Alfabetização cartográfica | 191

    6.2 Uso escolar do mapa | 201

Considerações finais | 215

Referências | 216

Bibliografia comentada | 224

Respostas | 245

Sobre a autora | 249

Anexos | 251

Agradeço a Alex Ferreira Garcia pelas frutíferas

discussões sobre o ensino de Geografia.

Apresentação

Como ensinar Geografia na educação básica?

É com esta pergunta que iniciamos este livro. Talvez a resposta possa parecer bastante simples, com destaque para a importância da utilização de mapas, textos do livro didático, explicações sobre os aspectos físicos e humanos de várias partes do planeta, definição de conceitos da Geografia, entre outros aspectos. No entanto, essa pergunta envolve questões mais amplas, sobre as quais são necessárias muitas reflexões, pois remetem à metodologia de ensino: como ensinar, como utilizar um material para que seja didaticamente significativo, como construir e desenvolver conceitos.

Entendemos que, quando consideramos o processo de ensino-aprendizagem na Geografia escolar e em qualquer outra disciplina do currículo na educação básica, *como ensinamos* tem tanta importância quanto *o que ensinamos*. É por meio da reflexão constante sobre *como ensinar* que priorizaremos a aprendizagem efetiva e significativa para os alunos, a fim de romper com um ensino tradicionalmente pautado na memorização de fatos e fenômenos geográficos, em que o aluno assume uma condição passiva. Preocupar-se em *como ensinar* perpassa a compreensão de que o conhecimento deve ser construído pelo aluno e, para que isso ocorra, o professor tem um papel fundamental como mediador durante esse processo.

Nessa perspectiva, a opção por um ou outro encaminhamento metodológico decorre da concepção que temos sobre a finalidade da disciplina de Geografia no âmbito escolar. Defendemos que todos os professores devem ter muito claras as finalidades e os objetivos da Geografia escolar, pois esse entendimento tem repercussão direta sobre *como ensinar*.

Se compreendemos que um dos principais objetivos do ensino de Geografia é desenvolver o raciocínio espacial para que este possa ser utilizado pelo aluno na sua vida em sociedade, provavelmente nossos encaminhamentos serão distintos daqueles que acreditam, por exemplo, que a Geografia deve principalmente repassar informações sobre regiões e continentes. Essa é uma das principais ideias que defendemos neste livro, ou seja, de que nossos encaminhamentos metodológicos devem sempre ser direcionados para um ensino de Geografia dotado de sentido no cotidiano dos alunos, o que pressupõe, por consequência, a refutação da simples memorização de informações.

Para nós, essas considerações iniciais são relevantes porque têm como objetivo evidenciar que o ensino da Geografia pressupõe um conhecimento amplo sobre vários aspectos, que ultrapassam os conteúdos e os materiais comumente utilizados. Obviamente, não estamos afirmando que os conteúdos não são importantes; no entanto, temos de esclarecer que eles não têm sentido se não forem apropriados pelos alunos. Assim, no cotidiano da escola, o saber científico precisa constantemente ser transformado em saber escolar e, para isso, é fundamental que sempre perguntemos a nós mesmos: Nosso ensinar está se transformando em saber apropriado?

É provável que a pergunta inicial deste livro não tenha uma resposta única, afinal, a realidade escolar é um universo de possibilidades em que nosso trabalho é construído dia a dia. Por isso, a pergunta serve como um convite à reflexão, e o livro que apresentamos a você, em vez de respondê-la, objetiva auxiliar a refletir sobre o tema.

Organizamos esta discussão em seis capítulos. No Capítulo 1, tratamos dos objetivos da Geografia escolar, pois entendemos que *como ensinar* está relacionado diretamente à concepção de Geografia e às suas finalidades na educação básica.

Dando continuidade à discussão, no Capítulo 2, apresentamos a evolução da Geografia escolar no Brasil. Conhecer a história dessa disciplina permite não somente entender a origem de muitas práticas docentes, mas também romper com aquelas destituídas de representatividade para o processo de ensino-aprendizagem.

Nos Capítulos 3 e 4, indicamos alguns recursos didáticos que podem ser utilizados, envolvendo diferentes linguagens no ensino de Geografia. Vale destacar que as sugestões não abrangem todas as possibilidades, razão por que é importante você buscar sempre novas alternativas que contribuam para o processo de aprendizagem dos alunos.

Em virtude da relevância do concreto em muitas situações do cotidiano escolar, propomos, no Capítulo 5, algumas sugestões de produção de material didático para o ensino de Geografia. Nessa perspectiva, analisamos determinados materiais que buscam fazer a relação entre o abstrato e o concreto, de modo a tornar a aprendizagem mais dotada de significado para os alunos.

Por fim, no Capítulo 6, apresentamos uma discussão que consideramos importante no ensino de Geografia: a alfabetização cartográfica. Tendo em vista que a linguagem cartográfica é inerente à educação geográfica, buscamos discutir a temática e propor alguns encaminhamentos metodológicos.

Esperamos que este livro permita a reflexão e a busca por uma Geografia escolar mais significativa para alunos e professores! Boa leitura!

Patricia Baliski

Como aproveitar ao máximo este livro

Esta seção tem a finalidade de apresentar os recursos de aprendizagem utilizados no decorrer da obra, de modo a evidenciar os aspectos didático-pedagógicos que nortearam o planejamento do material e como o leitor pode tirar o melhor proveito dos conteúdos para seu aprendizado.

Introdução do capítulo
Esta seção tem a finalidade de apresentar os recursos de aprendizagem utilizados no decorrer da obra, de modo a evidenciar os aspectos didático-pedagógicos que nortearam o planejamento do material e como o aluno/leitor pode tirar melhor proveito dos conteúdos para seu aprendizado.

Síntese
Você conta, nesta seção, com um recurso que o instigará a fazer uma reflexão sobre os conteúdos estudados, de modo a contribuir para que as conclusões a que você chegou sejam reafirmadas ou redefinidas.

Indicações culturais

Nesta seção, o autor oferece algumas indicações de livros, filmes ou *sites* que podem ajudá-lo a refletir sobre os conteúdos estudados e permitir o aprofundamento em seu processo de aprendizagem.

Atividades de autoavaliação

Com estas questões objetivas, você tem a oportunidade de verificar o grau de assimilação dos conceitos examinados, motivando-se a progredir em seus estudos e a se preparar para outras atividades avaliativas.

Atividades de aprendizagem

Aqui você dispõe de questões cujo objetivo é levá-lo a analisar criticamente determinado assunto e aproximar conhecimentos teóricos e práticos.

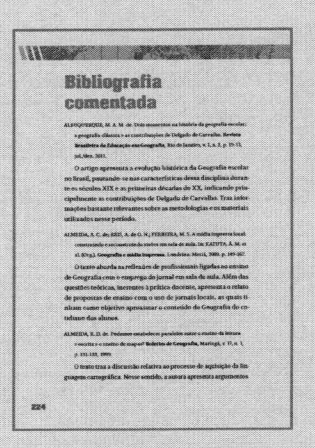

Bibliografia comentada

Nesta seção, você encontra comentários acerca de algumas obras de referência para o estudo dos temas examinados.

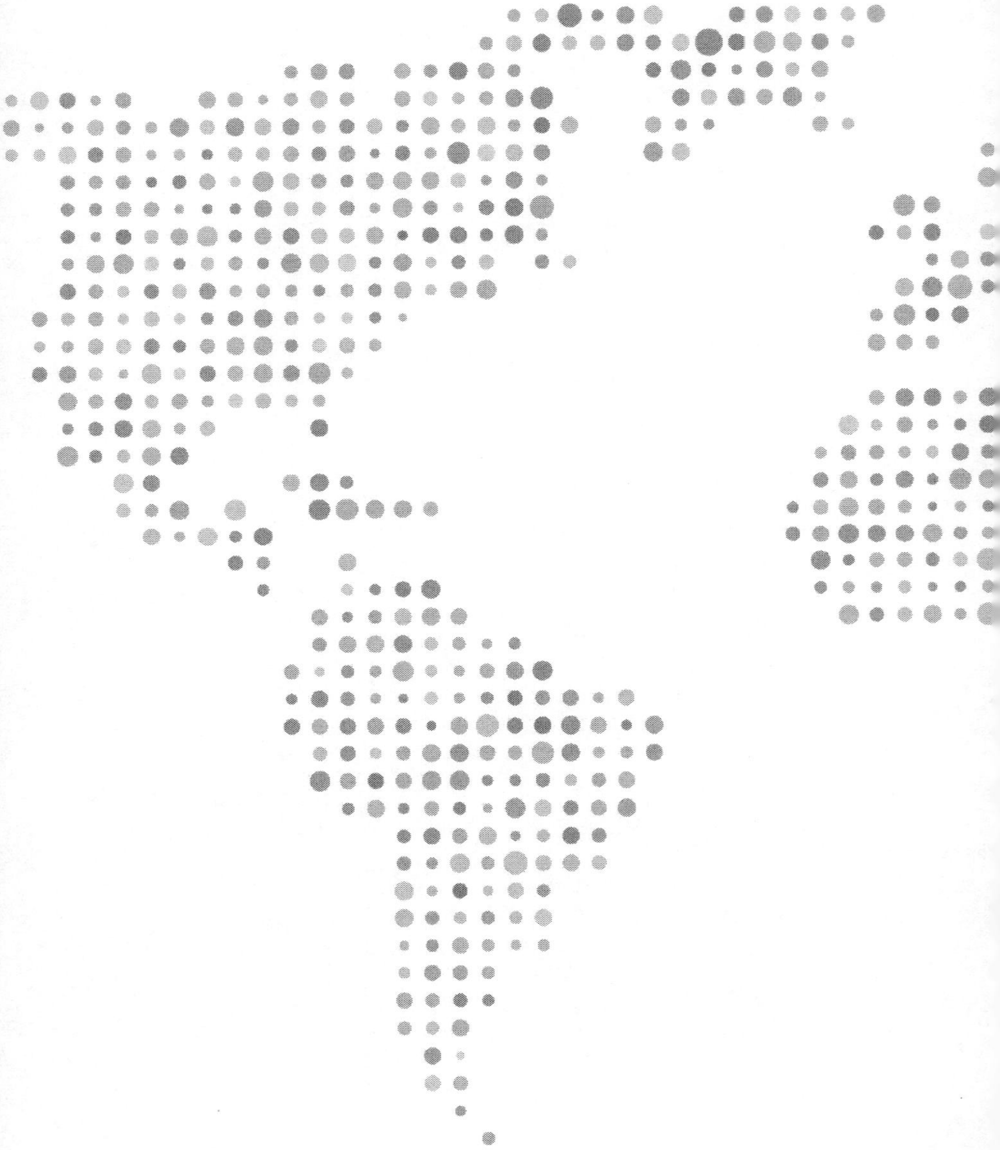

I

Geografia escolar: especificidades, objetivos e finalidades

Neste capítulo, apresentaremos algumas considerações introdutórias a respeito do ensino de Geografia. Para isso, abordaremos seus principais objetivos e finalidades na educação básica, com base nas especificidades que marcam essa disciplina nos ensinos fundamental e médio. Nosso objetivo principal é demonstrar que um ensino de Geografia de qualidade não perpassa somente o desenvolvimento de metodologias criativas, mas também o entendimento das finalidades dessa disciplina no âmbito escolar. Por isso, temas como *raciocínios espacial e escalar* e *desenvolvimento de habilidades técnicas e de pensamento* estarão presentes neste capítulo.

1.1 Algumas especificidades da Geografia escolar

No decorrer de sua história, a humanidade vem produzindo e acumulando conhecimento, que, em dado momento e em razão de sua amplitude e complexidade, passou a ser **dividido por áreas**. Com base nessa divisão, cientificamente aceita e coletivamente conhecida, conseguimos, mesmo que minimamente, relacionar temas com as respectivas áreas do conhecimento. Por exemplo, se perguntássemos a você que área se ocupa do estudo dos seres vivos, possivelmente você responderia que é a biologia. Do mesmo modo, se lhe questionássemos a respeito de qual área estuda os fatos e acontecimentos humanos no tempo, provavelmente teríamos como resposta a história.

Para saber mais

Embora o conhecimento geográfico seja bastante antigo e remonte à Antiguidade, foi apenas no século XIX que a geografia surgiu como conhecimento sistematizado. São considerados fundadores da geografia moderna Alexandre von Humboldt (1769-1859) e Karl Ritter (1779-1859), prussianos ligados às classes dominantes de seu país. A expansão do capitalismo provocou o desenvolvimento de várias ciências nos séculos XVIII e XIX, entre as quais encontra-se a geografia (Andrade, 1987).

Entendemos que a possibilidade de realizar essa relação entre temas de estudo e áreas do conhecimento deve-se, em grande parte, à instituição escolar e à disseminação do conhecimento que ela promove. Como indica Carvalho (2000), a escola tem sido, no decorrer do tempo, o local privilegiado de transmissão de conhecimentos desenvolvidos pela humanidade. Do mesmo modo, a noção que a sociedade tem sobre os objetos de análise das áreas do conhecimento advém de como elas são trabalhadas nesse ambiente.

Assim, especificamente sobre a Geografia, acreditamos que as pessoas que a estudaram na educação básica ou que ainda estão estudando têm muito claros os temas trabalhados nessa disciplina. Provavelmente, você se lembra de vários conteúdos de Geografia, como orientação, localização, tipos de rocha, população, apenas para citar alguns. Possivelmente, se apresentarmos esses temas a várias pessoas, muitas delas conseguirão relacioná-los a essa disciplina. E isso fica muito evidente, inclusive, com crianças e adolescentes que estão cursando os anos iniciais do ensino fundamental II (sexto e sétimo anos).

Para corroborar essa afirmação, trazemos como exemplo a pesquisa de Cavalcanti (2014), desenvolvida em meados da década de 1990 com alunos das quintas e sextas séries de algumas escolas públicas de Goiânia, no Estado de Goiás. Com base nas entrevistas realizadas com os alunos, a autora verificou que a maioria sabia identificar os temas trabalhados em Geografia, embora nem todos definissem claramente determinados conceitos ou conseguissem relacionar acontecimentos ou fatos cotidianos como parte dessa disciplina. Contudo, de acordo com a autora, essa situação provavelmente era decorrente da abordagem realizada em sala de aula.

Embora os alunos e as pessoas de um modo geral tenham relativa clareza de quais são os temas da Geografia e de outras disciplinas escolares, isso não impede que determinados assuntos causem certo estranhamento, pois inicialmente não são identificados como integrantes do currículo desta ou daquela disciplina, ou, ainda, a serventia desses conteúdos para a formação não está explícita.

Dessa forma, uma pergunta que muitas vezes pode ocasionar certo constrangimento a alguns professores é aquela que questiona o motivo de determinado conteúdo estar sendo trabalhado com os alunos. Você, quando era estudante da educação básica, provavelmente já deve ter se perguntado por que alguns temas deveriam ser estudados, afinal, não conseguia vislumbrar a relevância deles ou uma aplicabilidade prática em seu cotidiano presente ou futuro.

Essa situação – que não é específica da disciplina de Geografia e que, infelizmente, é mais comum do que imaginamos – decorre do fato de que nem sempre os professores conseguem evidenciar a importância de determinados temas para os alunos. Em situações mais graves (e, felizmente, mais raras), nem os próprios professores entendem a razão de determinados conteúdos integrarem o currículo escolar.

Na Geografia, essa problemática apresenta um complicador a mais, pois, como demonstra Carvalho (2000), além dos conteúdos produzidos nos campos disciplinares internos dessa área do conhecimento, como geografia urbana, geografia agrária, climatologia, geomorfologia etc., também fazem parte do currículo dessa disciplina temas de outras áreas.

É possível que você se lembre de que, nas aulas de Geografia na educação básica, estudou os movimentos da Terra, as eras geológicas e as atividades econômicas, entre outros temas. O que são esses conteúdos senão temas de outras áreas do conhecimento, como a astronomia, a geologia e a economia, e que ficaram sob responsabilidade da Geografia nos ensinos fundamental e médio?

Você deve estar se perguntando: Se tais conteúdos não são originários da Geografia, por que compõem o currículo escolar dessa disciplina? Para responder a essa pergunta, vamos nos apoiar nas considerações de Carvalho (2000). Esse autor demonstra, como vimos anteriormente, que a escola, ao longo de sua existência, tem sido o local em que os conhecimentos desenvolvidos pela sociedade são disseminados.

No entanto, como a produção científica e cultural dos seres humanos é muito vasta, apenas o que é mais essencial integra os currículos escolares. Assim, por exemplo, do mesmo modo que nem tudo o que é produzido pela Geografia acadêmica integra o currículo da Geografia escolar, nem todas as áreas do conhecimento têm uma disciplina correlata na educação básica. Resumindo, determinadas disciplinas acabam suprindo a ausência de várias outras, tornando-se complexas pela vastidão de temas que lhes são destinados.

Decorrentes dessa complexidade, surgem as situações descritas anteriormente, ou seja, a dificuldade que alguns professores têm, muitas vezes, em demonstrar ou mesmo compreender a relevância de dado tema para a formação do aluno. Aliadas a isso, estão as dificuldades em justificar geograficamente e dar um formato geográfico aos temas trabalhados (Carvalho, 2000).

Nesse sentido, vale lembrar que determinados temas da Geografia escolar são também integrantes do currículo de outras disciplinas, como Ciências e História. A diferença entre as áreas é a abordagem que cada uma realizará, tendo como base sua especificidade. Assim, por exemplo, a vegetação não é trabalhada da mesma maneira por Geografia e Ciências; ou, ainda, os grandes conflitos mundiais têm abordagens distintas em Geografia e História. Se a abordagem desses temas realizada em Geografia for a mesma que das demais disciplinas, isso poderá ensejar determinados comentários pelos alunos, como "Mas esse conteúdo não é de História?" e "O professor de Ciências já trabalhou isso". Dada a relevância dessa discussão para o ensino de Geografia, vamos retomá-la oportunamente em outro momento deste capítulo.

Outro aspecto que gostaríamos de destacar é o fato de que, quando estamos falando da Geografia escolar, não devemos entender que ela é uma versão resumida da Geografia acadêmica ou científica. Você, como estudante de um curso superior, deve estar percebendo que os conteúdos acadêmicos estudados até o momento são distintos dos escolares, seja pelo grau de aprofundamento, seja por questões não trabalhadas nas escolas e que estão sendo abordadas nesse nível de ensino.

Quando estudamos geografia urbana em um curso de graduação, por exemplo, aprendemos sobre as teorias desse campo disciplinar, os principais teóricos, as diferentes abordagens do espaço urbano conforme o paradigma etc. Na Geografia escolar, essa temática também está presente, mas de um modo distinto e mais geral.

> Mais uma vez, queremos reforçar que isso não significa que a disciplina escolar seja mera simplificação ou resumo do que é desenvolvido na academia, pelo contrário, ela apresenta especificidade própria, que se revela no que é considerado como primordial para a formação dos alunos e sua vida em sociedade e que, portanto, distingue-se do objetivo da disciplina acadêmica.

Nesse momento, como meio de reforçar o que afirmamos, vale resgatar os escritos de Monbeig, Azevedo e Carvalho (1935), os quais, apesar de serem antigos, continuam válidos para essa discussão. Para os referidos autores, o ensino de geografia não busca recrutar geógrafos, mas sim contribuir para a formação dos alunos.

Por isso, para que a Geografia cumpra seus objetivos e suas finalidades, é fundamental que, em nosso trabalho docente cotidiano, realizemos a **transposição didática**, ou seja, que efetuemos a viabilização metodológica escolar do conhecimento científico, para não cairmos nos erros apontados por Carvalho (2000). O autor apresenta um exemplo bastante elucidativo ao demonstrar que vários professores da educação básica, ao trabalharem com os conteúdos relativos à geografia física, muitas vezes realizam apenas uma "miniaturização" do conhecimento acadêmico, sem efetuar a necessária viabilização metodológica escolar. Assim, o conhecimento sobre geomorfologia e hidrografia, por exemplo, é apenas repassado, sem considerar a relevância de transformá-lo em um saber a ser ensinado e que possa ser compreendido pelos alunos.

Na transposição didática, devemos estar atentos à **faixa etária** dos alunos, ao uso de um **vocabulário** adequado, à explicitação de **termos específicos** da geografia, entre outros fatores. Ora, faz algum sentido trabalhar com as diferentes formas de relevo ou com as bacias hidrográficas brasileiras utilizando termos técnicos ou informações muito complexas que os alunos não entendem?

Ou, ainda, adianta falar sobre esses dois temas se os alunos não têm formados os conceitos de relevo ou bacia hidrográfica? São questões que devem ser consideradas, pois influenciam diretamente no processo de ensino-aprendizagem e, do mesmo modo, no desenvolvimento de metodologias de ensino.

1.2 Objetivos e finalidades da Geografia escolar

Como exposto anteriormente, verificamos que a maioria dos alunos identifica os temas relativos à Geografia. Porém, quando questionamos sobre a finalidade, o objetivo dessa disciplina no currículo escolar, você acredita que a resposta seria dada tão facilmente? Os alunos têm isso muito claro? E, para você, qual é o objetivo da Geografia nos ensinos fundamental e médio? Você já pensou sobre isso? Antes de prosseguir com a leitura deste capítulo, gostaríamos que refletisse a respeito e, se possível, chegasse a uma resposta, ou a várias, tendo como base seus estudos na educação básica.

Propomos essas questões a você porque consideramos que elas são relevantes para a reflexão e o entendimento da finalidade dessa disciplina na escola. Antes de trazer algumas considerações a respeito, apresentaremos as respostas mais comuns dadas por alunos dos ensinos fundamental e médio e, até mesmo, por aqueles que estão nos primeiros períodos do ensino superior quando são questionados sobre o objetivo do ensino de geografia na educação básica. Destacamos que as indicações que apresentaremos foram obtidas por meio de nossa experiência no ensino.

Vejamos, então, quais são as respostas mais comuns. Geralmente, são as seguintes: "Para conhecer os lugares", "Para conhecer novos lugares", "Para conhecer outros países", "Para saber se localizar" e "Para não se perder". Em sua pesquisa, Cavalcanti (2014) também chegou a respostas similares. De acordo com a autora, para os alunos entrevistados, apenas para citar alguns exemplos indicados, a finalidade da Geografia é "para nos localizarmos através do mapa", "para nos orientar" (Cavalcanti, 2014, p. 133), "conhecer o mundo inteiro", "aprender mais sobre o Brasil" e para "conhecer mais o mundo" (Cavalcanti, 2014, p. 63). Em uma de suas conclusões, a autora reconhece que, nas respostas, aparece a ideia geral de que a disciplina de Geografia serve para conhecer lugares, tendo como ferramenta principal o uso do mapa.

E você? Sua resposta foi parecida com alguma das apresentadas? É provável que, entre os leitores deste livro, alguns formularão respostas similares às indicadas anteriormente. Entendemos que essa situação é decorrente do modo como a disciplina de Geografia é às vezes trabalhada na educação básica, ou seja, repassando-se informações sobre estados, regiões, países e continentes.

Obviamente, os temas citados fazem parte do currículo de Geografia, mas essa disciplina não deve se restringir a isso. Afinal, faz sentido haver uma disciplina escolar apenas para "conhecer novos lugares"? O que isso acrescenta na formação do aluno para sua vida em sociedade e para suas práticas cotidianas? Acreditamos que a finalidade de Geografia ultrapassa essa noção tão comum e difundida. É o que discutiremos na sequência, apresentando concepções de distintos autores e estudiosos sobre o tema.

Entretanto, antes de tratar dos objetivos e das finalidades do ensino de geografia na educação básica, são relevantes algumas considerações, mesmo que breves, a respeito do objeto de estudo dessa ciência. A partir dessa definição, conseguimos evidenciar a finalidade da disciplina no contexto escolar e dar os encaminhamentos necessários para garantir sua especificidade.

Durante o desenvolvimento da geografia, algumas categorias de análise destacaram-se mais do que outras em determinados paradigmas. Assim, no período que ficou sob a hegemonia da geografia tradicional, a maioria dos estudos desenvolvidos tinha como base as categorias de **região** e de **paisagem**. Na perspectiva teórico-metodológica da geografia quantitativa (ou sistêmica, ou teorética), o **espaço** passou a ser o conceito-chave da geografia (Corrêa, 2007). Nos estudos desenvolvidos na concepção da geografia humanística, destaca-se o **lugar** como categoria essencial. Por fim, os estudos pautados na geografia crítica (ou radical) têm como categoria principal de análise o **espaço geográfico**, o qual passou a ser concebido como objeto de estudo da geografia, principalmente a partir das contribuições de **Milton Santos**[i] na teorização desse conceito, sobretudo para a geografia brasileira. Com graus diferenciados, cada um desses paradigmas influenciou a Geografia escolar, repercutindo em seus métodos e objetivos. Faremos uma abordagem mais detalhada da evolução da Geografia escolar no capítulo seguinte, na qual isso ficará mais evidente.

Nessa perspectiva, há estudiosos, tais como Pereira (1994) e Cavalcanti (2002; 2014), por exemplo, que afirmam que o **objeto de estudo** da Geografia escolar é o espaço geográfico. Na concepção de Pereira (1994), o espaço geográfico é tanto físico quanto social. Para esse autor, não há como dissociar esses dois aspectos, na medida em que o físico é a materialidade construída socialmente com a relação entre sociedade e natureza. Entendimento semelhante tem Cavalcanti (2002, p. 13), que afirma que o espaço

---

i. Milton Santos nasceu em 1926, na cidade de Brotas de Macaúbas, Bahia. Produziu uma das mais extensas bibliografias brasileiras na geografia, com mais de 40 livros publicados (incluídos os livros de colaboração e as edições no exterior), mais de 300 artigos, além da edição de 15 coletâneas. Influenciou a Geografia brasileira e a latino-americana, além de outros campos das ciências sociais (Brandão, 2004).

pode ser compreendido "como um espaço social, concreto e em movimento". Nesse sentido, conforme essa autora, os estudos sobre o espaço geográfico necessitam de uma análise da dinâmica resultante da relação sociedade/natureza.

As considerações desses dois autores são relevantes, pois, além de evidenciar que o espaço geográfico é o objeto de estudo da Geografia escolar, demonstram a necessidade de rompermos com um ensino que separa e fragmenta elementos que são inseparáveis e estabelecem como deve ser trabalhado geograficamente um tema. Assim, de acordo com Pereira (1994), o tratamento especificamente geográfico dos variados temas que compõem o currículo escolar da Geografia se torna efetivo apenas quando deixamos de lado a tradicional abordagem dicotômica entre elementos humanos e físicos, entre sociedade e natureza, ou seja, os aspectos da sociedade e da natureza devem ser trabalhados de modo conjunto.

Apesar de essa tarefa não ser tão simples, já que estamos habituados a conceber os elementos isoladamente, cremos que o esforço é necessário para realizá-la.

Citaremos um exemplo básico, mas que pode servir de inspiração para seus encaminhamentos metodológicos futuros como docente da disciplina de Geografia. Um dos temas trabalhados no sétimo ano do ensino fundamental – e que possivelmente você deve se lembrar de quando era estudante da educação básica – é o relativo à Região Nordeste. Em vários casos, esse conteúdo é trabalhado baseado na compartimentação em temas, como clima, relevo, hidrografia, vegetação, população, principais cidades, atividades econômicas, entre outros.

Entendemos que esses elementos são necessários para que os alunos consigam compreender as especificidades da Região Nordeste, no entanto, isso somente é atingido se forem estudados de modo mais integrado. Como explicar os movimentos migratórios sazonais sem falar sobre as características climáticas, a estrutura social e as atividades econômicas existentes na região? Esses são apenas alguns elementos, entre vários, que podem auxiliar no entendimento de um movimento migratório específico na Região Nordeste, afinal, outros poderiam ser acrescentados para enriquecer a análise e a explicação.

> Além da necessária integração entre os vários aspectos sociais e naturais, a abordagem geográfica caracteriza-se pela compreensão da espacialidade dos fenômenos. Todos os fenômenos, engendrados pela natureza ou pela sociedade, acontecem em determinada porção do espaço geográfico e, dadas suas características, apresentam especificidade e configuração espacial próprias.

Nesse sentido, a compreensão da espacialidade dos fenômenos vai ao encontro da necessidade de se tratar geograficamente os conteúdos ou dar-lhes um formato geográfico, conforme ressalta Carvalho (2000). Como citamos anteriormente, muitos temas na escola são comuns a mais de uma área de conhecimento, e o que os distingue é justamente a abordagem específica de cada disciplina.

Assim, no que se refere à Geografia, os professores, ao trabalharem a espacialidade dos fenômenos, tornam evidente o viés explicativo e analítico dessa disciplina, distinguindo-a das demais. Dessa forma, por exemplo, trabalhar com a vegetação e os conflitos mundiais por intermédio de sua espacialidade difere de como esses temas são tratados nas disciplinas de Ciências (ou Biologia) e História, respectivamente.

Nesse contexto, é relevante apresentar algumas propostas de perguntas que podem ser utilizadas nos encaminhamentos do ensino de geografia. Carneiro (1993) indica que três perguntas devem ser feitas para se apreender a dinâmica de espacialidade dos fenômenos: **Onde ocorrem? Como ocorrem? Por que ocorrem?** Em perspectiva semelhante, Cavalcanti (2002) também sugere três questões para os encaminhamentos dados aos conteúdos de geografia na educação básica: **Onde? Por que nesse lugar? Como é esse lugar?** O uso de todas essas questões nos orienta para um ensino de Geografia que ultrapassa a mera descrição, afinal, além de localizar os fenômenos, buscamos explicá-los e justificar as localizações, dando-lhes significações. A estruturação dos conteúdos com base nessas questões auxilia, inclusive, a romper com a fragmentação das análises citada anteriormente, pois nos leva a considerar conjuntamente os aspectos físicos e humanos nas explicações das espacialidades dos fenômenos.

Após essas considerações sobre o objeto de estudo da Geografia (o espaço geográfico e algumas especificidades decorrentes da abordagem que essa categoria requer), acreditamos que você já deve ter em mente alguns elementos que vão ao encontro dos objetivos e das finalidades do ensino dessa disciplina na educação básica.

Tendo em vista que a abordagem geográfica não necessita somente trabalhar conjuntamente os aspectos físicos e humanos, mas também favorecer o entendimento da espacialidade dos fenômenos, concordamos com Cavalcanti (2002) e Castellar e Vilhena (2011) quando afirmam que o **objetivo principal da Geografia escolar** é o de desenvolver o **raciocínio espacial**. Cavalcanti (2002) demonstra que esse tipo de raciocínio é importante para a efetivação das práticas sociais variadas, pois estas, sejam as do nosso cotidiano, sejam as mais amplas (como as do Estado ou das grandes corporações empresariais), são também espaciais, pois ocorrem no espaço geográfico. É relevante acrescentar, ainda, que em uma concepção dialética[ii], ao mesmo tempo que as práticas sociais são influenciadas pelo espaço, elas também o influenciam e o transformam. Isso torna o conhecimento geográfico relevante para a vida cotidiana e para o próprio desenvolvimento da sociedade no decorrer do tempo.

Para tornar mais claras nossas afirmações, recorreremos a alguns exemplos que, apesar de simples, são elucidativos para a discussão. Vejamos a seguir.

O conhecimento crescente sobre a superfície terrestre, as leis da natureza e a posição dos astros celestes foi extremamente importante para o desenvolvimento e a consolidação dos primeiros grupos humanos, afinal, mesmo sendo nômades, era vital saber em que lugar era mais seguro se abrigar, que direções de deslocamento seguir, a relação entre as diferentes épocas do ano (estações) e a disponibilidade maior ou menor de determinados tipos de alimento.

Outro exemplo a ser citado é relativo aos indígenas brasileiros. Sem o conhecimento da superfície terrestre e das leis da natureza, poucos povos teriam sobrevivido até os dias atuais. Para esses grupos, sempre foi importante saber que lugar é o mais adequado para a moradia, onde plantar, quais estações do ano são mais propícias para caçar, plantar, pescar ou coletar, que lugares concentram determinados tipos de plantas ou animais etc.

Ao ler as duas situações descritas, talvez você esteja se questionando se, atualmente, com todo o desenvolvimento tecnológico que temos, ainda é essencial que as pessoas necessitem desse

---

ii. De acordo com Konder (2014, p. 7-8), a dialética na concepção moderna significa "o modo de pensarmos as contradições da realidade, o modo de compreendermos a realidade como essencialmente contraditória e em permanente transformação". Esse modo de pensar privilegia as contradições da realidade e permite ao sujeito se reconhecer como agente e colaborador do processo de transformação constante, por meio do qual todas as coisas existem.

conhecimento geográfico tal como os grupos citados nos exemplos, pois temos aparelhos, programas de computador e páginas de internet que nos dão todas essas informações. Em resposta a esse possível questionamento, afirmamos que o conhecimento geográfico e o raciocínio espacial continuam sendo relevantes para o desenvolvimento da sociedade e, por consequência, para a vida cotidiana. E por quê?

Ora, embora tenhamos todo um aparato tecnológico que amplie o conhecimento, é essencial compreender o espaço geográfico para termos condições de tomar decisões que afetem de modo positivo nosso cotidiano. Por exemplo, cabe perguntar: Se você morasse em uma cidade localizada no hemisfério sul, com muitos dias de nebulosidade e de chuva ao longo do ano e baixas temperaturas, sua moradia deveria estar voltada preferencialmente para que direção, para evitar ou minimizar problemas com umidade, mofo e desconforto térmico? Ou, ainda, em uma viagem longa a ser realizada no verão, qual lado do carro, ônibus ou avião escolheria se desejasse apreciar confortavelmente a paisagem ao longo do trajeto?

As questões apresentadas são simples, mas permitem observar como o raciocínio espacial e o conhecimento geográfico são relevantes para a vida das pessoas. Por isso, a disciplina de Geografia escolar é importante para a formação dos alunos, para que eles **saibam ler o espaço geográfico**, conforme aponta Pereira (1994).

Essa leitura pressupõe, além da inter-relação entre os aspectos físicos e humanos em sua espacialidade, o entendimento de que os fenômenos geográficos também ocorrem em diversas escalas. A Geografia escolar deve propiciar ao aluno o entendimento de que determinados fenômenos acontecem em várias escalas e que o grau de apreensão destes depende da dimensão considerada.

Quando observamos um mapa de distribuição de vegetação no planisfério, verificamos que as florestas tropicais e equatoriais estão presentes em várias partes do planeta, permitindo-nos identificar regiões de ocorrência. No entanto, quando analisamos cada uma dessas regiões, constatamos diferenciações relevantes entre elas e em seu interior. Nesse sentido, embora a Floresta Amazônica e a Mata Atlântica estejam inseridas no grupo de florestas tropicais e equatoriais, as duas são distintas e, em seu interior, há várias diferenciações que só são possíveis de ser identificadas quando mudamos a escala de análise.

Consideramos que uma **concepção dialética de espaço geográfico** seja a mais pertinente para o desenvolvimento do raciocínio espacial. Nessa concepção, espaço e sociedade têm mútua influência. Do mesmo modo, as escalas de análise (do local ao global) não são dicotômicas ou excludentes, pelo contrário, estão inter-relacionadas e conectadas. As ações desencadeadas em âmbito global têm repercussão nas escalas locais e regionais e os acontecimentos locais podem influenciar um fenômeno regional, nacional ou até global. Portanto, concordamos com Castellar e Vilhena (2011, p. 17) quando afirmam que "o estudo dos fenômenos geográficos em [diversas] escalas de análise possibilita superar a falsa dicotomia existente entre o local e o global, na medida em que ampliamos o olhar".

O desenvolvimento desse **raciocínio escalar**, ou seja, do entendimento dos fenômenos geográficos em diversas escalas de análise, favorece ainda a conexão das referências cotidianas com aquelas mais genéricas e sistematizadas. Cavalcanti (2002) demonstra que, para o entendimento do espaço geográfico global, de leitura mais complexa e difícil, necessitamos de referências mais genéricas e sistematizadas. Tais referências devem ser trabalhadas na escola pela Geografia, no entanto, sempre em contato com as do cotidiano. Dessa forma, os alunos têm não somente os meios para entender o espaço geográfico global, mas também são mobilizados a entender seu espaço de vivência, tendo tanto referências do cotidiano quanto aquelas mais genéricas e sistematizadas.

Como afirmam Castellar e Vilhena (2011), por meio do raciocínio escalar, os alunos poderão comparar e relacionar fatos e fenômenos, observando e explicando as semelhanças e as diferenças entre os lugares de várias partes do mundo.

1.3 Geografia escolar e o desenvolvimento de habilidades

Apresentamos até aqui os objetivos e as finalidades do ensino de Geografia que consideramos essenciais para o trabalho docente e que norteiam o desenvolvimento desta obra. No entanto, além do que já discutimos até o momento, consideramos relevante expor algumas habilidades a serem desenvolvidas quando do ensino dessa disciplina nos ensinos fundamental e médio.

Antes disso, ressaltamos que o fato de apresentarmos essas habilidades em um item específico se deve somente a uma questão de organização, pois, no cotidiano do ensino, o desenvolvimento dessas habilidades não deve ser concebido isoladamente, mas sim integrando o planejamento das atividades docentes. Além disso, destacamos que a obtenção dessas habilidades deve ser considerada um objetivo a ser atingido no ensino de geografia, de modo a proporcionar a formação integral dos alunos.

> De acordo com Carneiro (1993), o ensino de geografia na educação básica contribui para a formação de **três dimensões** do desenvolvimento humano: **intelectual, atitudinal** e **psicomotora**. Cada uma dessas dimensões terá impacto em habilidades específicas, sobre as quais discorreremos na sequência.

Na dimensão do **desenvolvimento intelectual**, Carneiro (1993) indica que o ensino de geografia favorece o desenvolvimento de algumas habilidades básicas de pensamento, como observação, análise, comparação, interpretação, síntese e avaliação. Obviamente, é preciso ter clareza de que não é a simples transmissão de conteúdos ligados à disciplina de Geografia que favorecerá o desenvolvimento dessas habilidades, mas, sobretudo, os encaminhamentos metodológicos adotados pelos docentes.

Nessa perspectiva, é interessante expor uma das propostas de encaminhamento metodológico apresentadas por Castellar e Vilhena (2011) e que pode favorecer o desenvolvimento das habilidades de pensamento citadas. As autoras evidenciam que a formulação de hipóteses pelos alunos, em conjunto com os professores, constitui uma importante ferramenta para a compreensão do mundo.

Por exemplo, se o professor está trabalhando com os alunos o impacto da urbanização na qualidade dos recursos hídricos, pode estabelecer conjuntamente algumas hipóteses para a problemática. Com base em habilidades de pensamento, como a observação, a análise, a interpretação de dados, a comparação e a avaliação, os alunos podem comprovar ou refutar as hipóteses levantadas, tendo uma aprendizagem mais efetiva do espaço em suas diversas escalas, das interações espaciais e das alterações espaçotemporais a que os lugares estão sujeitos (Carneiro, 1993). Além do uso das habilidades, esse tipo de encaminhamento metodológico, conforme Castellar e Vilhena (2011), estimula a articulação entre as práticas científica e pedagógica.

A segunda dimensão é a do **desenvolvimento atitudinal**. Conforme aponta Carneiro (1993), os alunos da educação básica, com base no aprendizado de geografia, podem incorporar algumas atitudes com posicionamentos valorativos a muitos aspectos da vida em sociedade, como sensibilidade quanto aos problemas ambientais, conscientização em relação às desigualdades sociais, percepção estética, consideração com a paisagem natural e respeito às diversidades étnica, cultural e religiosa. Essas e outras atitudes que poderíamos acrescentar vão ao encontro de um dos objetivos principais da escola: formar cidadãos conscientes, responsáveis e participativos em seus espaços de vivência.

Tratando especificamente sobre o papel da Geografia escolar para a cidadania, Callai (2001) demonstra a importância do estudo do lugar para se atingir um posicionamento valorativo dos alunos sobre o meio onde estão inseridos. A proposta dessa autora assenta-se na perspectiva de que o município seja utilizado como uma escala prioritária de análise dos problemas e das contradições existentes na sociedade, e o motivo é simples: é o espaço mais próximo e imediato à realidade dos alunos.

Entretanto, não se trata apenas de trabalhar determinados conteúdos utilizando exemplos presentes no município, pois essa abordagem também não propiciaria a formação da cidadania. É preciso partir do concreto e do vivido pelos alunos cotidianamente para que estes possam ter os instrumentos necessários para reconhecer o mundo onde vivem e, por meio de seus posicionamentos, construir e modificar sua sociedade e seu espaço.

Por fim, de acordo com Carneiro (1993), a terceira dimensão que a Geografia escolar deve propiciar é a do **desenvolvimento psicomotor**, que ocorre por meio da constituição de habilidades técnicas, obtidas principalmente pela construção e elaboração de materiais (maquetes, croquis, perfis etc.) e pela leitura técnico-interpretativa de mapas, cartas, plantas, globos, fotografias aéreas, gráficos, tabelas etc. Ainda conforme a autora, o desenvolvimento dessas habilidades desencadeia um processo de pensamento aplicado dos alunos, os quais, diante de determinadas problemáticas de caráter espacial, utilizarão os instrumentos mais pertinentes em sua interpretação e compreensão (Carneiro, 1993).

Nos últimos anos, vários estudiosos têm discutido a importância dessas habilidades para o ensino de Geografia, evidenciando sua importância para o raciocínio espacial, um dos principais objetivos dessa disciplina. Algumas autoras, como Castellar e Vilhena (2011) e Passini (2012), afirmam que essas habilidades, em virtude de sua relevância, não devem ser consideradas somente como técnicas, mas como meio de levar os alunos a ler e entender os fenômenos observados no espaço geográfico. Várias são as propostas de encaminhamentos metodológicos para que os alunos obtenham essas habilidades. Citaremos aqui apenas uma, pois, em razão da pertinência da discussão do tema para o ensino de geografia, trataremos desse assunto oportunamente em capítulo específico.

Assim, uma proposta interessante é aquela que inicia o aluno no desenvolvimento das habilidades técnicas de elaboração de materiais de representação do espaço geográfico: os mapas mentais. Você possivelmente já teve contato com esse tipo de material, embora talvez não o conheça por esse nome. Quando pedimos a alguém que desenhe determinado trajeto, como da casa para a escola, da casa para o trabalho ou entre a casa de dois amigos, por exemplo, estamos solicitando que realize um mapa mental. Como afirmam Castellar e Vilhena (2011), esse tipo de material é o ponto de partida para estimular o raciocínio espacial dos alunos, afinal, é necessário reconhecer o espaço de vivência, localizar os objetos, identificar as referências espaciais, saber se deslocar e conhecer as direções que devem ser seguidas.

Síntese

Neste capítulo, observamos que a Geografia escolar, disciplina da educação básica, apresenta algumas especificidades que a caracterizam e a diferenciam das demais, como a presença de temas de outras áreas do conhecimento e o trabalho com a espacialidade dos fenômenos, sejam da natureza, sejam da sociedade. Tendo como objeto de estudo o espaço geográfico, os encaminhamentos metodológicos dessa disciplina requerem uma abordagem que leve em consideração conjuntamente os aspectos da natureza e da sociedade. Além disso, verificamos que um dos principais objetivos da Geografia escolar é o de desenvolver o raciocínio espacial. Para isso, são importantes o **conhecimento geográfico, o raciocínio escalar e o desenvolvimento de habilidades técnicas e de pensamento**, destacando-se as relacionadas à representação e à interpretação do espaço geográfico.

Indicação cultural

KLINK, A. **Cem dias entre céu e mar.** 9. reimpr. São Paulo: Companhia das Letras, 2013.

A obra relata a travessia do Oceano Atlântico realizada por Amyr Klink em um barco a remo, na década de 1980. Embora não discuta o ensino de geografia, evidencia, por meio da narrativa, a importância do conhecimento geográfico e do raciocínio espacial (objetivo da Geografia escolar) para o êxito da jornada.

Atividades de autoavaliação

1. Ao longo da história do desenvolvimento da geografia, algumas categorias de análise foram consideradas objeto de estudo em detrimento de outras, dependendo do paradigma e do período histórico. Nesse sentido, assinale a alternativa que indica a categoria que representa o objeto de estudo da Geografia escolar mais comumente aceito na contemporaneidade:
   a) Lugar.
   b) Espaço geográfico.
   c) Região.
   d) Paisagem.

2. Tendo como referência os objetivos e a importância do ensino de geografia na educação básica, identifique as afirmativas a seguir como verdadeiras (V) ou falsas (F):
   ( ) O ensino de geografia favorece o desenvolvimento de habilidades técnicas, como a interpretação de materiais gráficos (mapas, plantas, croquis etc.).
   ( ) O ensino de geografia deve inter-relacionar os elementos naturais e humanos.
   ( ) O ensino de geografia tem como um de seus principais objetivos propiciar aos estudantes o conhecimento sobre novos lugares.
   ( ) O ensino de geografia favorece o desenvolvimento do raciocínio espacial, ou seja, desenvolve uma consciência da espacialidade das coisas e dos fenômenos que as pessoas vivenciam em seu cotidiano.
   ( ) O ensino de geografia tem como um de seus principais objetivos desenvolver a habilidade de memorização sobre fatos e fenômenos geográficos.

Agora, assinale a alternativa que corresponde à sequência correta:
a) F, F, V, F, V.
b) V, F, V, V, V.
c) F, V, V, F, F.
d) V, V, F, V, F.

3. A respeito do raciocínio escalar, assinale a alternativa correta:
   a) É o entendimento de que os fenômenos geográficos ocorrem em diversas escalas de análise.
   b) Está relacionado ao pensamento concêntrico e ordenado dos fatos e fenômenos geográficos.
   c) Compreende a dicotomia existente entre as escalas de análise, que vão do local ao global.
   d) Refere-se à habilidade técnica de calcular corretamente as escalas em todos os tipos de produtos cartográficos.

4. Levando em consideração as especificidades da Geografia escolar, identifique as afirmativas a seguir como verdadeiras (V) ou falsas (F):
   ( ) Pode ser caracterizada como uma versão resumida da Geografia acadêmica, na medida em que trata dos mesmos temas, no entanto, de modo simplificado.
   ( ) Difere de outras disciplinas unicamente pelos seus conteúdos, e não pelos encaminhamentos metodológicos.
   ( ) Apresenta em seu currículo temas que são também de outras áreas do conhecimento.
   ( ) Sua abordagem distingue-se de outras disciplinas, pois considera a espacialidade dos fenômenos.
   ( ) Seus encaminhamentos metodológicos devem abordar isoladamente os aspectos naturais e humanos.
   Agora, assinale a alternativa que corresponde à sequência correta:

a) F, V, F, F, V.
b) V, F, V, V, F.
c) F, F, V, V, F.
d) V, F, F, F, V.

5. O ensino de geografia favorece a formação de determinadas dimensões do desenvolvimento humano, as quais contribuirão para a formação de várias habilidades, sendo algumas de pensamento e outras técnicas. A respeito do assunto, identifique as afirmativas a seguir como verdadeiras (V) ou falsas (F):
   ( ) As habilidades técnicas compreendem tanto a elaboração de materiais cartográficos quanto a leitura e interpretação de mapas, cartas, plantas, gráficos etc.
   ( ) As habilidades de pensamento referem-se à capacidade dos alunos de tomarem posicionamentos valorativos sobre problemas e questões da sociedade em que estão inseridos.
   ( ) Os mapas mentais podem ser considerados um procedimento metodológico que visa ao desenvolvimento das habilidades técnicas de representação espacial.
   ( ) A observação, a análise, a comparação, a interpretação, a síntese e a avaliação são algumas habilidades básicas de pensamento que podem ser desenvolvidas mediante o ensino de geografia.
   ( ) O desenvolvimento das diversas habilidades relacionadas ao ensino de geografia depende dos encaminhamentos metodológicos adotados pelo docente.
   Agora, assinale a alternativa que corresponde à sequência correta:
   a) V, F, V, V, V.
   b) F, F, F, V, F.
   c) V, V, F, F, V.
   d) F, F, V, F, F.

Atividades de aprendizagem

Questões para reflexão

1. Lembre-se de quando era estudante na educação básica e como os professores conduziam a disciplina de Geografia, anotando os principais procedimentos metodológicos adotados por eles. Analise esses procedimentos e reflita sobre a possibilidade de eles favorecerem ou não o desenvolvimento do raciocínio espacial. Discuta os resultados com seu grupo de estudos.

2. Escolha um conteúdo de geografia da educação básica e, adotando esse conteúdo como base, pense em uma proposta de ensino que favoreça o desenvolvimento do raciocínio espacial dos alunos. Anote os principais procedimentos metodológicos dessa proposta e apresente para seu grupo de estudos. Após as considerações do grupo, reavalie sua proposta, identificando que procedimentos poderiam ser modificados ou acrescentados para se atingir o objetivo estipulado.

Atividade aplicada: prática

Faça uma pesquisa com várias pessoas, de diferentes faixas etárias e graus de instrução, perguntando a elas qual é a finalidade (o objetivo) do ensino de geografia na educação básica. Compare as respostas com a discussão realizada neste capítulo.

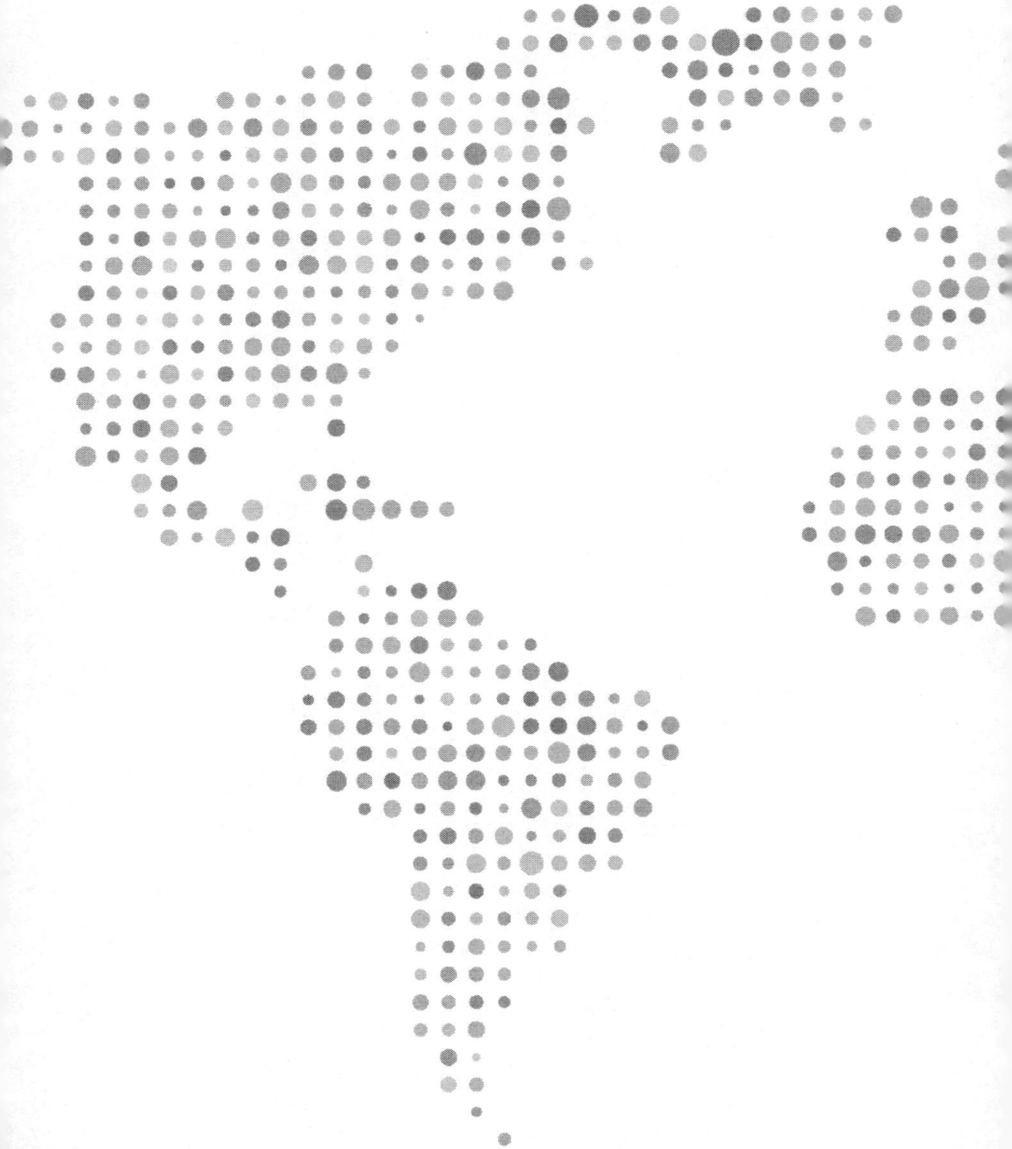

2

A Geografia escolar no Brasil

Neste capítulo, vamos apresentar o desenvolvimento histórico da disciplina de Geografia na educação básica no contexto brasileiro. Para isso, adotando como base norteadora de periodização a institucionalização das disciplinas escolares e os paradigmas da Geografia, analisaremos as características mais relevantes dessa disciplina em cada momento, especificando objetivos, principais materiais, recursos didáticos utilizados, procedimentos metodológicos predominantes etc. Nosso principal objetivo neste capítulo é mostrar a você como as concepções dessa disciplina se alteram no decorrer do tempo e como isso repercute no modo como a geografia é ensinada, com implicações no processo educativo na educação básica.

2.1 Geografia escolar e sua periodização

Talvez você já tenha presenciado determinados comentários sendo dirigidos a pessoas com formação em Geografia, muitas vezes em tom de brincadeira, solicitando respostas para uma série de questionamentos, como: "Qual é a capital do Uzbequistão?", "Quais são os afluentes da margem esquerda do Rio Amazonas?", "Quais são as capitais dos estados brasileiros?", "Qual é o menor país do mundo?", entre inúmeras outras que poderíamos citar. Embora sejam ditas como uma provocação ou brincadeira, essas questões refletem uma ideia que parte da sociedade entende por Geografia escolar: uma disciplina pautada unicamente na memorização de nomenclaturas e fatos geográficos.

Ao observar o que é essa disciplina e seus métodos na contemporaneidade, é possível constatar que houve avanços significativos e cada vez mais distancia-se da realidade evocada pelos questionamentos indicados, apesar de que ainda persistem algumas práticas pedagógicas pautadas nesse tipo de encaminhamento metodológico. Nesse ponto, são relevantes as considerações de Albuquerque (2011), quando a autora observa que essas práticas ainda permanecem porque muitos professores não conhecem a trajetória da Geografia na história da educação brasileira e, por isso, veem esse tipo de metodologia como algo natural ou difícil de ser rompido, provocando uma série de equívocos nas práticas escolares e a continuidade desse tipo de concepção sobre a disciplina.

Consideramos importante discutir a trajetória da Geografia escolar no contexto da educação brasileira, para não incorrer nos equívocos apontados por Albuquerque (2011), os quais são prejudiciais para que essa disciplina atinja seus objetivos e cumpra seu papel na formação dos alunos.

Para facilitar o entendimento das transformações ocorridas na história da Geografia escolar, utilizaremos a periodização sugerida por Rocha (1996) e citada e adotada no trabalho de Albuquerque (2011). Nessa periodização, podem ser identificados três grandes períodos na história dessa disciplina: **geografia clássica** (século XVI ao início do século XX), **geografia moderna** (entre as décadas de 1920 e 1970) e **geografia crítica** (a partir da década de 1970).

Embora estejamos cientes que de existem outras periodizações, consideramos que a demarcação temporal a ser adotada evidencia as rupturas e diferenças existentes no longo período que vai do século XVI até a década de 1970, que muitos definem unicamente como *geografia tradicional*, tal como salientado por Albuquerque (2011). Nessa perspectiva, também demonstraremos que, no período definido como *geografia crítica*, podem ser observadas diversas propostas teórico-metodológicas que resultam em distintas abordagens.

2.2 Geografia escolar clássica

Tomando como base a história do ensino no Brasil, essa fase da Geografia escolar compreendeu um período bastante longo, pois se iniciou no século XVI e perdurou até o início do século XX, quando começaram a ser introduzidas as concepções da geografia moderna na educação básica. De acordo com o que nos indica Albuquerque (2011), esse período foi definido por Rocha (1996) como *clássico*, pois teve como característica marcante a tentativa de difusão dos conhecimentos elaborados desde a Antiguidade Clássica e organizados antes da sistematização da geografia como ciência.

É importante destacar que, durante a maior parte desse período, a Geografia não se configurou como disciplina autônoma, mas os conhecimentos relacionados a ela estavam presentes no contexto escolar, inseridos em outras disciplinas. Souza e Pezzato (2010) demonstram que, do século XVI até a Reforma Pombalina, no século XVIII, os colégios jesuíticos foram as instituições mais importantes para a educação e que nelas o conhecimento geográfico estava presente em outras disciplinas. Por exemplo, muitos relatos de cronistas coloniais que tratavam de temas ligados à geografia do Brasil eram utilizados nas aulas de literatura, a qual se configurava como fonte indireta de conhecimento sobre o território brasileiro.

Para saber mais

Entre 1750 e 1777, o Marquês de Pombal, título de nobreza de Sebastião José de Carvalho e Melo, implementou uma série de reformas, que tinha como objetivos: retirar Portugal da dependência inglesa, reestruturar o sistema colonial português e fortalecer o poder da monarquia durante o reinado de Dom José I. Nas reformas concernentes à educação, em 1759, o Marques de Pombal passou a responsabilidade do sistema de ensino para o Estado, antes sob responsabilidade da Igreja. Suprimiu todas as escolas jesuíticas e expulsou os jesuítas dos domínios portugueses (Figueira, 2000).

Toda a proposta de ensino desses colégios estava baseada em um documento intitulado *Ratio Studiorum*, que continha regras sobre as disciplinas e seus conteúdos, as metodologias, as avaliações etc. Miranda (2009) atesta que os estudos prescritos por esse documento eram simultaneamente literários, filosóficos e científicos, e que os estudos das ciências da natureza, nos quais encontrava-se a geografia, eram obrigatórios.

Além de essa área de conhecimento figurar entre os estudos de literatura e gramática, a geografia também estava inserida na disciplina de Física (estudos sobre o céu, a terra e o mar). Nesse ponto, concordamos com Albuquerque (2011), quando a autora afirma que, apesar de não haver uma disciplina com a nomenclatura de *Geografia* no currículo desses colégios, seu saber era considerado relevante para a formação dos alunos, afinal, informações relativas a essa área do conhecimento faziam parte dos textos destinados ao ensino da leitura e da escrita, principalmente.

A metodologia comum a todas as escolas jesuítas abrangia verificação do estudo realizado na aula anterior, correção, repetição, preleção, ditados etc. Embora muitos estudiosos indiquem que a formação propiciada pelos colégios jesuíticos fosse bastante ampla, temos de ter claro que se destinava a uma parcela muito pequena da população, afinal, nesse período, a educação não era considerada um dever do Estado e poucos tinham acesso a ela.

Em relação ao dever do Estado para com a educação, foi somente no século XIX que se promulgou a primeira lei a respeito. Vlach (2004) afirma que em 1827 foi aprovada a lei referente ao ensino elementar, porém, essa lei teve influência apenas nas escolas de primeiras letras[i], nas quais a geografia também não se configurava como um conhecimento autônomo. No entanto, a autora demonstra que, apesar disso, essa disciplina estava presente de maneira indireta principalmente nos conteúdos sobre a história do Brasil, nos quais se enfatizavam a descrição do território, sua dimensão e as belezas naturais.

Com o afastamento de Marquês de Pombal e a revogação da proibição das atividades jesuíticas no Brasil, os colégios ligados a essa ordem retomaram suas atividades e, em 1832, foi publicada uma atualização dos documentos que norteavam suas atividades didático-pedagógicas. Na *Ratio atque Institutio Studiorum Societatis Jesu*, de 1832, a Geografia foi introduzida como disciplina que, apesar de secundária, passou a ser autônoma, como demonstram Souza e Pezzato (2010). Discutindo também a temática, Albuquerque (2011) indica que a concepção de *geografia* que aparecia nesse currículo era a clássica, na qual se difundia a abordagem descritiva ou matemática (medidas da Terra, as esferas celestes, os cálculos de coordenadas geográficas etc.). Por esse tipo de abordagem e pela metodologia adotada nesses colégios, podemos concluir que as aulas de Geografia eram possivelmente baseadas na repetição de informações e na resolução de cálculos.

Excetuando-se os colégios jesuíticos, foi principalmente a partir de 1837 que a Geografia passou a compor o currículo escolar brasileiro, sobretudo o de nível secundário. Autores como

---

i. Eram as escolas em que os professores ensinavam os alunos a ler e a escrever, a gramática, as quatro operações da aritmética e noções mais gerais de geometria (Vlach, 2004).

Vlach (2004) e Souza e Pezzato (2010) evidenciam que, para isso, foi fundamental a criação do Colégio Pedro II, no referido ano, na cidade do Rio de Janeiro. Esse fato é importante porque esse colégio foi fundado com o objetivo de ser um modelo para as demais instituições escolares brasileiras de ensino secundário, fossem elas públicas ou particulares. Como em seu currículo figurava a disciplina de Geografia, ela passou a ser lecionada no restante do país nas instituições que ainda não o faziam.

Nesse período, a difusão do conhecimento geográfico nas escolas ocorria sobretudo a partir dos livros didáticos e, entre os publicados no país, muitos tiveram como referência a obra *Corographia Brasilica*, escrita pelo padre Manuel Aires de Casal, em 1817. Esse livro – o primeiro brasileiro de Geografia do Brasil – configurava-se, segundo Albuquerque (2011), em um levantamento de dados estatísticos e de nomenclaturas organizadas por província, característica observada em vários livros didáticos brasileiros do período.

No entanto, como demonstra a referida autora, grande parte do material utilizado nas escolas brasileiras até as décadas de 1870 e 1880 era composta de publicações estrangeiras, muitas de origem francesa, as quais haviam sido traduzidas para as escolas portuguesas e adaptadas às escolas do Brasil. Assim, esses livros apresentavam informações de geografia matemática, cosmografia (estudo e descrição do universo) e corografia (descrição das regiões ou localidades). Abordavam os continentes, com ênfase na Europa, dedicando-se à "nomenclatura de países e principais cidades, rios e montanhas, classificações de climas, além de dados quantitativos sobre a população" (Albuquerque, 2011, p. 30).

Apresentar informações sobre os livros didáticos utilizados é de suma importância para a compreensão de como era o ensino de geografia naquele momento, afinal, de acordo com

Albuquerque (2011), esses materiais eram os responsáveis pela difusão de métodos de ensino e de aprendizagem. É importante destacar que, até a década de 1930, não havia uma instituição de ensino superior responsável pela formação de professores de Geografia, assim, lecionavam essa disciplina advogados, engenheiros, médicos e seminaristas, os quais, por não ter formação na área, dependiam dos livros didáticos para os encaminhamentos do trabalho docente (Pontuschka; Paganelli; Cacete, 2007).

Os métodos difundidos por esses livros pautavam-se basicamente na memorização de informações, um recurso didático valorizado na aprendizagem naquele período. Albuquerque (2011) apresenta informações bem relevantes sobre os livros e os encaminhamentos metodológicos adotados pelos professores que nos permitem compreender a origem dos atuais questionamentos indicados no começo deste capítulo, como "Qual a capital do Uzbequistão?", por exemplo. A autora afirma que, em muitos livros, eram comuns os "catecismos", ou seja, apresentava-se a pergunta do mestre em negrito, seguida da resposta do discípulo, também chamado de *método dialogístico*. As perguntas versavam sobre a definição de conceitos relativos a aspectos físicos e naturais; nomes de países, estados, cidades, rios, montanhas, serras, ilhas etc. e sua localização; ou, ainda, dados numéricos, como totais demográficos, extensão territorial etc. Assim, os bons alunos eram considerados aqueles que conseguiam memorizar uma infindável lista de nomenclaturas ou de definições de conceitos. A metodologia compreendia ainda, além da mnemônica (memorização de dados), a reprodução de mapas e cartas das lições aprendidas.

Posteriormente, a partir da década de 1870, ampliou-se a quantidade de livros didáticos elaborados por escritores do país, os quais, além de inserir de modo crescente mais informações sobre o território brasileiro, mudaram a proposta de apresentação dos conteúdos. Albuquerque (2011) indica que o método dialogístico, ou seja, a pergunta do mestre seguida da resposta do aluno, foi substituído pela apresentação dos conceitos destacados em meio a longos textos descritivos, característica presente nas publicações científicas da época. Com o tempo, gravuras, desenhos esquemáticos e mapas foram sendo acrescentados às obras, passando a ser um recurso didático auxiliar ao método de ensino que permaneceu o mesmo, ou seja, mnemônico.

Por fim, devemos destacar que a ampliação crescente de publicações nacionais e da inserção de conteúdos sobre o território brasileiro foi decorrente do projeto de nação que se visava construir. De acordo com Vlach (2004), o ensino de geografia, principalmente a partir da Proclamação da República, em 1889, serviu aos interesses de líderes políticos e intelectuais para que se consolidasse a ideia de formação da nação brasileira, utilizando-se da ideologia do nacionalismo patriótico. Assim, como aponta essa autora, a Geografia escolar foi concebida como importante ferramenta para tal intento. Portanto, por meio das extensas descrições, o território brasileiro passa a ser ponto central, valorizando suas riquezas, população, dimensão e beleza. Isso ajudou a construir uma ideia de unidade e identidade nacional, favorecendo a consolidação do Estado brasileiro.

2.3 Geografia escolar moderna

No início do século XX, foram observadas algumas transformações na Geografia escolar que permitiram delinear uma nova fase dessa disciplina no contexto da escola brasileira. Albuquerque (2011), tendo como base os estudos de Rocha (1996), indica que a característica que diferenciou essa nova fase da anterior foi a introdução das concepções da geografia moderna na prática escolar. Assim, nesse período que iniciou aproximadamente na década de 1920 e perdurou até os anos de 1970, verificamos a introdução do fazer científico na Geografia escolar. É importante destacar que, até então, essa disciplina estava distante dos debates científicos da época, realizados sobretudo no continente europeu.

Como vimos no item anterior, a Geografia escolar caracterizava-se pelas inúmeras nomenclaturas e extensas descrições, tendo como método fundamental de aprendizagem a mnemônica. Com vistas a alterar esse cenário existente, foi fundamental a ação de Carlos Miguel Delgado de Carvalho, responsável por trazer a discussão sobre a necessidade de alteração da Geografia na escola e torná-la uma ciência, sendo, para ele, preponderante a interação entre ensino e ciência geográfica (Pontuschka; Paganelli; Cacete, 2007).

Vale ressaltar que, além de Carlos Miguel Delgado de Carvalho, outros intelectuais também ansiavam por uma alteração nos rumos da Geografia escolar, como Raja Gabaglia, Honório Silvestre e Everardo Beckheuser, como atestam Vlach (2004) e Albuquerque (2011).

Para entender a importância de Carlos Miguel Delgado de Carvalho para essa nova fase da Geografia escolar, devemos compreender, inicialmente, sua trajetória acadêmica e profissional, as quais propiciaram as bases para suas ideias. De acordo com Vlach (2004), a ampla formação que Delgado de Carvalho teve na Europa (Letras e Ciência Política, na França; Direito, na Suíça; e Economia e Política, na Inglaterra) lhe fez ficar atento às limitações que caracterizavam a Geografia escolar no Brasil. Além de demonstrar a necessidade de vinculação dessa disciplina à ciência geográfica, Delgado de Carvalho era próximo às concepções teórico-pedagógicas da Escola Nova[ii], já difundida em alguns livros didáticos europeus e estadunidenses.

Em sua primeira obra ligada à disciplina, intitulada *Geografia do Brasil – tomo I*, de 1913, Delgado de Carvalho já indicava a necessidade de eliminar do ensino de geografia as nomenclaturas e tudo o que fosse puramente mnemônico (Vlach, 2004). Nessa obra, também evidenciou a necessidade de romper com os estudos por estados para que fosse adotada a análise regional do Brasil.

No entanto, foi a partir de 1920 que a influência de Delgado de Carvalho foi maior, conforme nos demonstra Albuquerque (2011). Por esse motivo, essa década é considerada o marco da nova fase da Geografia escolar. Nesse ano, ele ingressou no Colégio Pedro II como professor de língua inglesa, assumindo posteriormente as disciplinas de Geografia e Sociologia. Devemos lembrar que, mesmo tendo findado o período imperial brasileiro, esse colégio ainda era uma referência para as demais instituições de estudo secundário no país.

Assim, como demonstram Vlach (2004) e Pontuschka, Paganelli e Cacete (2007), com as reformas educacionais de 1925, os conteúdos programáticos desse colégio, entre os quais os de Geografia, que haviam sido estabelecidos por Delgado de Carvalho, passaram a compor o currículo dos estabelecimentos de ensino secundário do restante do país. Isso trouxe alterações representativas nos conteúdos a serem ensinados e nas respectivas metodologias, pois elementos da geografia moderna passaram a compor os currículos, e a perspectiva de análise regional do território brasileiro, já defendida pelo autor há alguns anos, foi adotada.

---

ii. De acordo com Libâneo (2013, p. 68), no movimento escolanovista, o aluno é considerado o sujeito da aprendizagem; assim, o professor deve "colocar o aluno em condições propícias para que, partindo das suas necessidades e estimulando os seus interesses, possa buscar por si mesmo conhecimentos e experiência".

Para Albuquerque (2011), essa foi uma das grandes contribuições de Delgado de Carvalho para a Geografia escolar brasileira, na medida em que a abordagem por estados foi substituída pela perspectiva regional. Assim, quando você analisar um currículo ou livro didático e observar os conteúdos relativos ao território brasileiro organizados por regiões, deve ter claro que isso é uma herança das contribuições de Delgado de Carvalho. Nesse ponto, gostaríamos de salientar que a Geografia escolar que temos hoje é resultado da construção realizada no decorrer do tempo e que conhecer sua história favorece a reflexão sobre nossas práticas.

Além disso, outro fato que reforça a importância de Delgado de Carvalho é a publicação, de sua autoria, em 1925, do livro *Methodologia do Ensino Geographico (Introducção aos estudos de Geographia Moderna)*, considerado, por Pontuschka, Paganelli e Cacete (2007), uma de suas principais obras e o trabalho de geografia no Brasil mais importante da primeira metade do século XX.

Nesse sentido, as observações de Albuquerque (2011) são pertinentes para entender a relevância dessa obra para a Geografia escolar brasileira. De acordo com a autora, Delgado de Carvalho inovou ao propor que o ensino primário se iniciasse pelos temas mais próximos à realidade dos alunos, para somente então inserir questões mais complexas, **mas sempre tendo como base o fator humano**. No secundário, tinha como proposta a aproximação do ensino com o saber científico, concebendo a Geografia escolar como uma dimensão prática da geografia científica. Para esse nível de ensino, concebia também a importância de se considerar os saberes prévios dos alunos. **Em ambos os níveis, deveriam ser superadas as práticas fundamentadas unicamente na memorização de nomenclaturas**.

Pelo exposto, é possível observar a importância de Delgado de Carvalho para a Geografia escolar brasileira. No entanto, não devemos considerar que suas ideias foram amplamente aceitas e postas rapidamente em prática. Conforme Albuquerque (2011), houve resistência dos professores e autores de livros didáticos em adotar as propostas do autor, tanto que, durante toda essa fase, coexistiram as abordagens inovadoras e as conservadoras, aquelas de memorização de nomenclaturas e conceitos.

Vale lembrar também que, para a sociedade, durante muito tempo, tanto o professor quanto o aluno, para serem considerados bons em geografia, deveriam reter em suas memórias uma infindável lista de nomenclaturas. Como muitos professores não tinham contato com as discussões científicas, permaneciam vinculados a essa proposta de ensino.

Essa situação começou a se alterar parcialmente a partir da década de 1930, quando foi criado o primeiro curso superior em Geografia e História no Brasil, na Faculdade de Filosofia, Ciências e Letras da Universidade de São Paulo (FFCL/USP), ampliando a possibilidade de contato dos professores com o desenvolvimento científico da área. Como demonstram Pontuschka, Paganelli e Cacete (2007), a criação do curso, em 1934, foi importante também para a formação de profissionais para a educação básica, os quais passaram a atuar principalmente com os alunos do ginásio.

Devemos destacar que, se a criação do curso, de um lado, ampliou o acesso à discussão científica, de outro o fez durante um certo tempo voltado para uma escola da Geografia. Vlach (2004) salienta que os primeiros professores eram pertencentes à escola francesa de Geografia, a lablacheana[iii], e, em razão disso, grande parte dos alunos formados nas primeiras décadas de

---

iii. Corrente pautada nos postulados do geógrafo francês Vidal de La Blache (1845-1918). Segundo Pontuschka, Paganelli e Cacete (2007, p. 44), "a análise geográfica lablacheana deveria ter o seguinte encaminhamento: observação de campo, indução a partir da paisagem, particularização da área enfocada (traços históricos e naturais), comparação das áreas estudadas e do material levantado e classificação das áreas e dos gêneros de vida em séries de tipos genéricos, devendo chegar, no fim, a uma tipologia".

funcionamento do curso tinham suas ações norteadas por essa concepção teórica, as quais tiveram implicações para os encaminhamentos metodológicos em sala.

Essa nossa afirmação encontra respaldo nas considerações de Pontuschka, Paganelli e Cacete (2007), que afirmam que a produção da escola francesa chegou à educação básica por meio dos licenciados em Geografia. Os formados, de posse do saber científico produzido na academia e com o auxílio de livros didáticos, elaborados também na mesma concepção e por professores universitários, organizavam suas aulas na abordagem lablacheana, de enfoque essencialmente regional. Nessa perspectiva, foi importante para a difusão dos postulados da escola francesa a produção de Aroldo de Azevedo, aluno das primeiras turmas do curso de Geografia e História da FFCL/USP e posteriormente professor da mesma instituição.

Os livros de geografia produzidos por Aroldo de Azevedo foram adotados de modo hegemônico nas escolas de todo o território brasileiro nas décadas de 1950 a 1970, de acordo com Pontuschka, Paganelli e Cacete (2007). É importante destacar que algumas de suas obras chegaram a ter mais de 100 edições, como é o caso dos livros de Geografia Geral, destinados às segunda e terceira séries ginasiais. Assim, dada a hegemonia de suas obras, é necessário nos voltarmos para elas de modo a compreender como eram organizados os conteúdos e, assim, verificar as implicações para os encaminhamentos metodológicos em sala.

Na escola, portanto, o estudo geográfico de uma região previa as seguintes etapas metodológicas: descrição física, que envolvia o exame do relevo e sua estrutura, clima, vegetação e hidrografia; análise do povoamento, abrangendo o processo histórico, totais populacionais ao longo do tempo, principais etnias, vida cultural etc.; observação da divisão político-administrativa (países, estados, departamentos etc., dependendo de área de estudo); identificação das cidades mais importantes; exame das atividades econômicas e análise da circulação.

Como podemos observar pelos itens indicados, apesar de o método dialogístico ou de as extensas descrições terem sido suprimidas, a realidade, nessa perspectiva, ainda era apresentada ao aluno de modo compartimentado, não exprimindo as relações existentes entre os aspectos físicos e humanos, discutida no capítulo anterior.

É importante destacar que ainda hoje, apesar de todos os avanços observados, podemos observar uma herança residual da perspectiva da escola francesa mais clássica na abordagem realizada no ensino de geografia e em alguns livros didáticos, em que primeiramente são apresentados todos os aspectos físicos, seguidos dos dados populacionais para, então, serem trazidas as informações econômicas sobre dada região, país ou continente, sem qualquer relação entre esses elementos. Ressaltamos que, diante desse quadro, o encaminhamento metodológico a ser adotado pelo professor é o que diferenciará sua abordagem da considerada tradicional.

Diante do exposto, acreditamos que seja necessário discutir sobre o objetivo da geografia que se ensinava até os anos de 1970. Se na geografia clássica a tentativa de difundir a ideologia do nacionalismo patriótico era considerada a principal finalidade da disciplina, podemos constatar, com base nas afirmações de Vlach (2004), que esse intento permaneceu até a década de 1950. Posteriormente, nas duas décadas que se seguiram e diante da instauração da ditadura militar, os livros didáticos e os encaminhamentos metodológicos colocados em prática por muitos professores, pautados na compartimentação da realidade, continuaram servindo para o enaltecimento do país, e assim, por meio da ideologia instaurada, favoreceram a manutenção do sistema.

2.4 Geografia escolar crítica

A década de 1970 é considerada por Albuquerque (2011), com base nos estudos de Rocha (1996), o marco para o início da terceira fase da Geografia escolar, a denominada *crítica*, a qual perdura até os dias atuais. Como veremos, muitas características dos anos de 1970 não indicam uma mudança em relação aos encaminhamentos metodológicos ou à concepção que se tinha dessa disciplina, mas sua importância decorre do fato de que vários acontecimentos que ocorreram durante referida década foram relevantes para o início do questionamento e do enfrentamento da situação existente, os quais foram mais intensos nas décadas que se seguiram.

Devemos lembrar que, na década de 1970, estava instaurada a ditadura militar e, por isso, todas as publicações didáticas foram alvo de censura. Pontuschka, Paganelli e Cacete (2007) demonstram que isso refletiu nos livros didáticos, os quais apresentavam conhecimentos geográficos extremamente empobrecidos quanto aos conteúdos e totalmente desvinculados da realidade brasileira. É importante ressaltarmos, ainda, que parte desse empobrecimento se deve também à descaracterização que a disciplina de Geografia sofreu, quando foi gradualmente sendo substituída pelos Estudos Sociais. Portanto, vamos nos deter nos processos de criação e implementação e nas características dessa matéria para compreender como isso afetou o conhecimento geográfico trabalhado nas escolas de todo o Brasil durante os anos de 1970.

Antes de dar prosseguimento à explicitação do processo de criação dos Estudos Sociais, consideramos relevante destacar que adotaremos o termo *matéria* em vez de *disciplina*, pois foi a nomenclatura utilizada nos documentos oficiais, sobre os quais discutiremos na sequência. Os documentos tornam claro que os Estudos Sociais não se caracterizavam como uma área do conhecimento individualizada e sistematizada, mas antes uma reunião de várias disciplinas. Assim, diferentemente das disciplinas escolares, que apresentam a sistematização nítida dos temas da área a que se referem, como Geografia e História por exemplo, as matérias podem ser compreendidas como um agrupamento didático que abrange algumas disciplinas ou áreas de estudo.

Assim, no ano de 1971, foi aprovada a Lei de Diretrizes e Bases para o ensino de primeiro e segundo graus – Lei n. 5.692, de 11 de agosto de 1971 (Brasil, 1971c) –, em substituição à anterior de 1961 – Lei n. 4.024, de 20 de dezembro de 1961 (Brasil, 1961). Além das alterações na organização do ensino, como aglutinar as séries dos ensinos primário e ginasial no primeiro grau, essa lei impactou diretamente a organização do currículo escolar, na medida em que trouxe as bases para a criação de novas matérias, as quais se tornaram obrigatórias em todo o território nacional.

Assim, a referida lei indicou que os currículos do primeiro e do segundo graus em todo o país deveriam conter um núcleo comum, válido para todo o território brasileiro, e uma parte diversificada, com vistas a atender às especificidades locais, ao planejamento dos estabelecimentos escolares e às diferenças existentes entre os alunos. Embora essa lei trouxesse tais premissas, foi somente com a Resolução n. 8, de 1º de dezembro de 1971 (Brasil, 1971b), do então Conselho Federal de Educação, que se especificou o que iria compor o núcleo comum nos currículos de primeiro e segundo graus, bem como quais seriam os objetivos de cada matéria.

Essa resolução definiu que, para o primeiro grau (1ª a 8ª série, atualmente 1º ao 9º ano do ensino fundamental), o núcleo comum seria formado por três matérias: Comunicação e Expressão, formada pelos conteúdos da língua portuguesa; Estudos Sociais, que abrangeria os temas de geografia, história e organização social e política brasileira; e, por fim, Ciências, formada pelos conhecimentos das áreas de matemática e das ciências físicas e biológicas[iv].

É importante salientar que, além de a Geografia não se configurar como uma disciplina escolar autônoma em todo esse nível de ensino, era sugerido que os Estudos Sociais fossem incluídos como uma área de estudo no currículo escolar somente a partir da 5ª série. Como podemos perceber, vários conhecimentos espaciais possivelmente foram deixados de lado, prejudicando a formação dos alunos nas séries iniciais, na medida em que, nessa fase, são relevantes as atividades que desenvolvem conceitos sobre a noção de espaço, conforme demonstram Almeida e Passini (2004).

Além disso, outro ponto que chama atenção são os objetivos estipulados para a matéria de Estudos Sociais no primeiro grau. Assim, segundo a Resolução n. 8/1971, essa matéria visava o "ajustamento crescente do educando ao meio, cada vez mais amplo e complexo, em que deve não apenas viver como conviver, dando-se ênfase ao conhecimento do Brasil na perspectiva atual do seu desenvolvimento" (Brasil, 1971b)[v].

Essas finalidades evidenciam não somente o perfil do aluno a ser formado, ou seja, uma pessoa que se adaptasse à ordem existente e que enaltecesse o território e a organização política do

---

iv. Pontuschka, Paganelli e Cacete (2007, p. 65) salientam que a Lei n. 5.692/1971 e a Resolução n. 8/1971 também impactaram a formação de professores, na medida em que foram criados cursos de licenciatura curta para cada uma dessas matérias. No caso de Estudos Sociais, a formação de professores recebia uma visão muito geral e superficial de geografia e história, sem que os mesmos tivessem acesso a "uma reflexão profunda sobre os fundamentos epistemológicos e metodológicos de cada disciplina".

v. Ressaltamos que os Estudos Sociais existiam anteriormente à lei de 1971. Albuquerque (2011) evidencia que essa matéria já era trabalhada nas escolas primárias desde os anos de 1930, e Delgado de Carvalho foi um dos estudiosos ligados à elaboração de seu currículo e à sua implantação. Porém, a concepção era bastante distinta, pois como nos demonstram Pontuschka, Paganelli e Cacete (2007), Carvalho defendia os Estudos Sociais no primário como meio de integrar temas que, na vida real, não se separam. Para uma compreensão mais ampla da evolução dos Estudos Sociais no Brasil, sugerimos a leitura de Nadai (1988).

país, mas também que encaminhamentos metodológicos eram realizados em muitas das escolas brasileiras. Em um contexto de desigualdade e problemas sociais, somente um ensino sem vinculação com a realidade existente poderia fazer com que os objetivos estipulados fossem atingidos. Nesse sentido, as metodologias adotadas não diferiram muito dos períodos anteriores, sendo pautadas principalmente na descrição dos elementos do território brasileiro no que se refere ao trabalho realizado com os conhecimentos considerados geográficos.

Em relação ao segundo grau (atual ensino médio), foi somente nesse nível de ensino que a Geografia se configurou como um conhecimento do núcleo comum, juntamente com Língua Portuguesa e Literatura Brasileira, História, Matemática e Ciências Físicas e Biológicas. A inserção da Geografia no segundo grau foi justificada pela importância dessa disciplina para a compreensão do meio geográfico em que cada aluno se situava.

Entre as razões apresentadas no Parecer n. 871, de 12 de novembro de 1971 (Brasil, 1971a) e que deu base à Resolução n. 8/1971, destacam-se aquelas que demonstravam que, sem a Geografia, não se compreenderiam os fenômenos históricos e os estudos sociológicos ficariam sem alicerce. Além disso, o parecer também indicava que essa disciplina seria relevante para a compreensão das transformações do mundo naquele momento, como a difusão dos meios de comunicação, os quais vinham reduzindo a distância entre diferentes povos.

Embora sejam interessantes muitas das razões apresentadas para que a geografia se tornasse um conhecimento do núcleo comum no currículo do segundo grau, observamos a total ausência da discussão sobre o entendimento dos problemas territoriais e regionais, principalmente os brasileiros, ou, ainda, uma proposta que ultrapassasse a visão compartimentada do espaço geográfico.

Apesar de a Geografia compor o currículo como disciplina autônoma no segundo grau, isso não lhe garantiu a possibilidade de se tornar uma disciplina que se distinguisse sobremaneira dos Estudos Sociais ou da Geografia escolar que vinha sendo desenvolvida até então, e que, portanto, propiciasse aos alunos o desenvolvimento do raciocínio espacial e o entendimento do espaço geográfico de modo amplo e sem fragmentações.

Nossas afirmações se apoiam na concepção de Geografia expressa no referido parecer, segundo o qual deveria ser a lablacheana (Brasil, 1971a). Como já vimos anteriormente, dada porção do espaço geográfico deve ser analisada tendo como base diversos fatores (físicos, biológicos, demográficos, econômicos e sociais), chegando, assim, a uma síntese.

No entanto, dado o contexto político do momento, os estudos de geografia continuaram apenas na análise isolada dos diversos elementos, compartimentando a realidade e impedindo o entendimento do espaço geográfico. Além disso, Albuquerque (2011) afirma que, nesse momento, surgiu uma Geografia escolar muito conservadora, conectada à tendência pedagógica tecnicista[vi], ou seja, na qual há interesse maior na racionalização do ensino e no uso de técnicas e meios mais eficazes de ensino.

Em razão do exposto, conforme afirma Albuquerque (2011), muitos livros didáticos que até então tinham ampla aceitação entraram em declínio. Foi o caso daqueles escritos por Aroldo de Azevedo, de concepção mais tradicional, e os de Manuel Correia de Andrade e Ilton Sete, que passavam a apresentar uma perspectiva

---

vi. De acordo com Libâneo (2013), na tendência pedagógica tecnicista, a instrução segue uma série de etapas, como: definição dos objetivos, avaliação prévia dos alunos, organização das experiências de aprendizagem, avaliação dos alunos quanto à obtenção dos objetivos. Nessa tendência, "o professor é uma administrador e executor do planejamento, o meio de previsão das ações a serem executadas e dos meios necessários para se atingir os objetivos" (Libâneo, 2013, p. 71).

um pouco mais crítica. Assim, eram aceitos somente os livros que se adequavam às imposições normativas do momento, tanto para a disciplina de Estudos Sociais (primeiro grau) quanto para a de Geografia (segundo grau).

A imposição do ensino de Estudos Sociais para todo o primeiro grau e o esvaziamento induzido da disciplina de Geografia no segundo grau não foi realizado sem resistências. Nadai (1988) indica que várias instituições se pronunciaram contra o processo em curso na década de 1970, destacando-se a Associação dos Geógrafos Brasileiros (AGB), a Associação Nacional dos Professores Universitários de História (Anpuh) e a Sociedade Brasileira para o Progresso da Ciência (SBPC). Cada uma dessas instituições realizou encontros de discussão e manifestos propondo a extinção dos Estudos Sociais e das licenciaturas curtas nessa área e o retorno das disciplinas de Geografia e História nos currículos de 5ª a 8ª séries. Outro ponto questionado era também a crescente precarização do ensino público, resultado de uma formação docente precária, da redução de investimentos públicos e da produção didática com baixo nível de qualidade.

Conforme demonstram Nadai (1988) e Pontuschka, Paganelli e Cacete (2007), a pressão exercida pelas instituições citadas, principalmente a AGB e a Anpuh, teve tanta repercussão que, em 1981, o Ministério da Educação (MEC), por intermédio da Secretaria de Educação Superior (Sesu), constituiu um grupo de trabalho com professores universitários de Geografia e História com o objetivo de avaliar os cursos dessas áreas. No relatório resultante, foi sugerido, entre outras medidas, substituir os Estudos Sociais por Geografia e História, ampliar a carga horária dessas disciplinas e extinguir a licenciatura curta.

Os efeitos foram sentidos nos anos seguintes, quando a matéria de Estudos Sociais foi gradualmente sendo extinta nas turmas de 5ª a 8ª séries. Esse processo foi distinto no país – em alguns estados, ocorreu no início da década, em outros, a matéria permaneceu por mais tempo no currículo. Trazemos dois exemplos: enquanto em São Paulo a extinção ocorreu em 1983, no Paraná, somente em 1987. É importante lembrar-nos de que, durante a década de 1980, as propostas curriculares eram produzidas pelas secretarias de educação dos vários estados brasileiros, por isso, a diferença nas mudanças. Por consequência, a eliminação dos Estudos Sociais na grade curricular das escolas repercutiu no fechamento dos cursos de licenciatura curta nessa área, afinal, não havia mais demanda para tal. Nacionalmente, os Estudos Sociais foram definitivamente retirados do currículo com a elaboração e divulgação dos Parâmetros Curriculares Nacionais (PCN) para o ensino fundamental, em 1998, posteriormente à promulgação da nova lei que estabeleceu as Diretrizes e Bases da Educação Nacional – Lei n. 9.394, de 20 de dezembro de 1996 (Brasil, 1996).

Em relação à Geografia escolar, a década de 1980 foi bastante relevante para a alteração nos conteúdos e encaminhamentos metodológicos adotados nessa disciplina. Conforme Albuquerque (2011), nessa década, aumentaram-se consideravelmente a quantidade e a diversidade de publicações didáticas que se diferenciavam das produções elaboradas até então no que se refere às abordagens teóricas, à seleção de conteúdos, aos materiais, à iconografia e às propostas pedagógicas.

De acordo com Pontuschka, Paganelli e Cacete (2007, p. 68), essas novas propostas, de perspectiva crítica, buscavam apontar meios para diminuir a fragmentação "dos conteúdos escolares e a distância entre o ensino de Geografia e a realidade social, política e econômica do País". Devemos lembrar que, naquele momento, o Brasil passava por um processo de redemocratização, e que muitos temas, que foram deixados de lado durante anos, passaram a ser discutidos e inseridos no ensino.

Nessa perspectiva, além das discussões realizadas no âmbito das secretarias de educação e nos eventos organizados pela AGB, as aulas e os livros didáticos começaram a apresentar o referencial teórico da concepção crítica. Um dos primeiros livros didáticos a incorporar esses pressupostos foi publicado em 1982, intitulado *Sociedade e espaço (Geografia geral e do Brasil)*, de José Willian Vesentini, destinado ao segundo grau. Posteriormente, a partir de 1987, esse autor deu continuidade ao trabalho publicando livros pautados na geografia crítica para o ensino de 5ª a 8ª séries.

Assim, temas como subdesenvolvimento, pobreza, desigualdade social e poluição ambiental, por exemplo, foram incorporados aos conteúdos trabalhados pela Geografia escolar e passaram a estar presentes em uma quantidade cada vez maior de livros didáticos de distintos autores. Possivelmente, se você realizou seus estudos da educação básica a partir do final dos anos de 1980, lembra-se desses temas em suas aulas de Geografia, não é mesmo?

Albuquerque (2011) afirma que, a partir dos anos de 1990, ampliou-se sobremaneira o número de publicações e a diversidade de aportes teórico-metodológicos para o ensino de geografia. Se anteriormente um ou dois autores eram hegemônicos em todo o território, atualmente contamos com uma quantidade representativa de títulos e de distintas concepções e propostas. As avaliações realizadas pelo MEC, por meio do Programa Nacional do Livro Didático (PNLD), foram fundamentais para a melhoria da qualidade dos livros didáticos utilizados nas escolas. Além disso, devemos destacar a ampliação das pesquisas realizadas no ensino de geografia, importantes para a reflexão e para a melhoria da qualidade de ensino.

Além dos temas e da quantidade de publicações, uma mudança que vem se buscando desde a década de 1980, porém nem sempre bem-sucedida, refere-se aos encaminhamentos metodológicos dados a esses conteúdos em sala de aula. Não basta trabalhar novos conteúdos se utilizamos os mesmos encaminhamentos metodológicos de décadas atrás. Dessa forma, por exemplo, qual a relevância para o entendimento do mundo se trabalhamos com os alunos unicamente a definição de Índice de Desenvolvimento Humano (IDH) e a respectiva classificação dos países? Qual é a importância para os alunos, no entendimento da realidade, saberem que determinado país é o oitavo no *ranking* mundial de IDH?

Do mesmo modo, outra problemática observada na metodologia do ensino da Geografia escolar a partir dos anos 1980 e que devemos estar atentos em nossa prática docente é a dificuldade encontrada, em alguns casos, em dar um formato geográfico aos conteúdos que passaram a fazer parte do currículo dessa disciplina. Portanto, devemos ter claro, por exemplo, que, ao trabalhar o tema *pobreza* em Geografia, a abordagem deve ser distinta da adotada pela Sociologia. Ou, ainda, quando discutimos *capitalismo* e *socialismo*, o enfoque deve ser diferente daquele realizado pela História. Verificamos que, muitas vezes, na tentativa de se desvencilhar da geografia tradicional, buscam-se novas abordagens, mas que nem sempre são geográficas. Como indicado no primeiro capítulo deste livro, o que diferencia a Geografia de outras disciplinas é o tratamento geográfico dos conteúdos, seus encaminhamentos metodológicos e seus objetivos.

Por fim, é importante ressaltar que a Geografia escolar desenvolvida desde os anos 1980, no Brasil, vem apresentando distintas concepções teóricas e metodológicas, e muitos autores, como Vlach (2004) e Albuquerque (2011), afirmam que, atualmente, há várias geografias críticas. Assim, embora quando falamos em *geografia crítica* muitos a compreendam unicamente como uma disciplina trabalhada a partir de uma concepção mais radical, como a marxista, por exemplo, consideramos que o termo *crítica* é, antes de tudo, uma referência que busca ultrapassar e questionar a Geografia escolar trabalhada durante tantas décadas no país, pautada na mnemônica, na descrição e na desvinculação da realidade.

Portanto, independentemente de ser marxista, socioconstrutivista, social-crítica ou fenomenológica, a Geografia escolar realmente trabalhada nessas ou em outras perspectivas é predominantemente crítica, pois busca uma possibilidade alternativa à disciplina, que, durante tanto tempo, favoreceu unicamente questionamentos sobre o nome das capitais dos países ou os afluentes dos rios, que em nada viabilizam o desenvolvimento dos raciocínios espacial e escalar e a compreensão do espaço geográfico pelos alunos.

Síntese

Neste capítulo, mostramos que a análise da evolução histórica da Geografia escolar brasileira permite identificar alguns períodos durante seu desenvolvimento. Cada período, influenciado pelo movimento da história e da sociedade, caracteriza-se por uma concepção distinta da disciplina, que repercute em objetivos e encaminhamentos metodológicos diferenciados. Assim, no primeiro período, da geografia clássica, que vai do século XVI ao início do século XX, observamos o predomínio excessivo do ensino pautado na mnemônica e nas longas descrições. No segundo período, o da geografia moderna, vigente entre as décadas de 1920 e 1970, observamos a introdução do fazer científico na Geografia escolar, com ampla difusão da metodologia lablacheana no ensino. E o terceiro período, o da geografia crítica, que se iniciou nos anos de 1970 e perdura até os dias atuais, é marcado pela introdução de novos temas e por várias propostas teórico-metodológicas, as quais buscam favorecer a compreensão do espaço geográfico pelos alunos.

Indicação cultural

SAINT-EXUPÉRY, A. de. **O Pequeno Príncipe** (com aquarelas do autor). 48. ed. 35. reimpr. Tradução de Dom Marcos Barbosa. Rio de Janeiro: Agir, 2006.

A obra é um dos clássicos da literatura. Indicamos principalmente o Capítulo XV, em que é narrada a visita do Pequeno Príncipe ao sexto planeta, habitado por um geógrafo. Nesse capítulo, evidencia-se uma concepção tradicional de geografia, pautada na memorização de fatos, no conhecimento das localizações dos acidentes geográficos, no pouco contato com a realidade e na crença da imutabilidade dos fatos e fenômenos descritos em livros. Podemos observar várias dessas características no ensino realizado sobre a concepção da Geografia escolar hegemônica até a década de 1970.

Atividades de autoavaliação

1. A Geografia escolar no Brasil tem características distintas conforme o período analisado, repercutindo diferentemente nos conteúdos, nos objetivos e nas metodologias de ensino. Com base no período classificado como *geografia clássica*, assinale a alternativa correta:
   a) Representou o período em que as atividades desenvolvidas no âmbito escolar estavam diretamente relacionadas às teorias científicas da época, em especial as desenvolvidas pela escola francesa de Geografia.

b) Caracterizou-se pela abolição do sistema de pergunta-resposta e da mnemônica, introduzindo temas relevantes para a época, como desigualdade social, pobreza e cultura.

c) Teve como característica marcante a tentativa de difusão dos conhecimentos elaborados desde a Antiguidade Clássica e organizados antes da sistematização da geografia como ciência.

d) Desenvolveu-se entre os séculos XVI e XIX, período em que a Geografia foi instituída como disciplina autônoma em todos os níveis de ensino. Os livros didáticos apresentavam grande parte do conteúdo voltado para questões do território brasileiro.

2. Com base nas características da geografia moderna, desenvolvida entre as décadas de 1920 e 1970, identifique as afirmativas a seguir como verdadeiras (V) ou falsas (F):

( ) Nesse período, verifica-se a introdução do fazer científico na Geografia escolar, favorecida pela criação dos primeiros cursos superiores de Geografia.

( ) Parte considerável das obras destinadas ao ensino era pautada na concepção lablacheana de análise regional.

( ) Como metodologia principal de ensino adotava-se a análise do espaço geográfico por meio da inter-relação entre os aspectos físicos e humanos.

( ) Entre os autores que mais se destacaram na produção de livros didáticos nesse período estão Aroldo de Azevedo e José Willian Vesentini.

( ) Nesse período, destacaram-se as contribuições de Delgado de Carvalho, entre as quais pode ser citada a abordagem regional do território brasileiro em detrimento daquela por estados.

Agora, assinale a alternativa que corresponde à sequência correta:
a) V, V, F, F, V.
b) F, V, F, V, F.
c) V, F, V, F, F.
d) F, F, V, V, V.

3. A promulgação da Lei de Diretrizes e Bases para o ensino de primeiro e segundo graus (Lei n. 5.692, de 11 de agosto de 1971) indicou que os currículos desses dois níveis de ensino deveriam ter um núcleo comum em todo o território brasileiro. Assim, foram criadas as matérias de Comunicação e Expressão, Ciências e Estudos Sociais. Em relação a esta última, a qual teve fortes implicações para a Geografia escolar, assinale a alternativa correta:
   a) Tinha como objetivo favorecer o desenvolvimento do senso crítico dos alunos, pois trabalhava com as questões socioespaciais mais representativas do momento.
   b) Representou um avanço para o ensino, na medida em os Estudos Sociais serviram de reforço para os conteúdos trabalhados na disciplina de Geografia escolar.
   c) Matéria que abrangeu os conteúdos de Geografia, História e Organização Social e Política Brasileira (OSPB), sendo ministrada em todas as séries do primeiro e do segundo grau.
   d) Configurou-se pela descaracterização da Geografia escolar, pelo empobrecimento dos conteúdos dessa disciplina e por sua desvinculação da realidade brasileira.

4. Com base nos elementos que caracterizam o período da geografia crítica, discutidos neste capítulo, identifique as afirmativas a seguir como verdadeiras (V) ou falsas (F):
   ( ) Novos temas e discussões foram inseridos no ensino de geografia, como pobreza, subdesenvolvimento, desigualdade social, poluição etc.
   ( ) Os primeiros livros didáticos escritos sob a perspectiva da geografia crítica datam do início do século XXI.
   ( ) A geografia crítica caracteriza-se por apresentar uma única concepção teórico-metodológica pautada exclusivamente no marxismo.
   ( ) A geografia crítica na escola surge como forma de enfrentamento e questionamento à imposição dos Estudos Sociais, realizada durante a ditadura militar.
   ( ) Buscou-se maior vinculação dos conteúdos de geografia com a realidade do país e dos alunos.
   Agora, assinale a alternativa que corresponde à sequência correta:
   a) F, F, V, V, F.
   b) V, F, F, V, V.
   c) F, V, F, F, V.
   d) V, V, V, F, F.

5. Os fragmentos a seguir foram extraídos de materiais didáticos produzidos em distintos momentos da história da Geografia escolar brasileira. Analise-os atentamente.
   I. "Como se vê, um dos grandes problemas agrários do Brasil é a extrema concentração da propriedade. A maior parte das terras ocupadas e os melhores solos encontram-se nas mãos de pequeno número de proprietários – chamados latifundiários –, muitas vezes com enormes áreas ociosas, não utilizadas para a agropecuária, apenas à espera de

valorização, ao passo que um imenso número de pequenos proprietários possui áreas ínfimas – os minifúndios –, insuficientes para garantir-lhes, e as suas famílias, um nível de vida decente e com boa alimentação". (Vesentini; Vlach, 2010, p. 100)

II. "O continente do norte (compreendendo a América do Norte, a Central e as Antilhas), que ocupa uma área de 24.000.000 km², tem 251.200.000 habs., o que lhe dá uma densidade de 9 habs. por km²; o continente do sul, com 18.000.000 de km² tem 131.800.000 habs., o que comparado ao do norte, o coloca em piores condições, pois tem 7 habs. por km²". (Cabral, 1961, p. 56)

III. "*Golfo*. A porção de mar que se introduz na terra com figura alongada e muito larga embocadura.
Bahia. A porção do mar que entra por embocadura estreita, e que se alarga no centro.
Porto. A porção de mar que se intromete na costa por uma abertura natural ou artificial, onde as embarcações podem fundear com segurança.
Barra. A boca do porto onde entra e sai a maré". (Brasil, 1864, p. 55, grifo do original. Modificado do original para a ortografia vigente)

IV. "Sendo o Xingu o único dos grandes rios do Brasil, que não tem sido navegado até as suas cabeceiras, ignora-se o aspecto da parte oriental desta comarca desta paragem para cima. Os navegadores do Tapajós observaram numerosas colinas, e alguns montes, estando ainda muito distantes do Amazonas, em cujas vizinhanças as terras são baixas; e nenhum rio considerável sai deste país para o primeiro, que é assaz largo e cheio de ilhas de todas as grandezas povoadas de matos". (Casal, 1947 [1817], p. 309. Modificado do original para a ortografia vigente)

V. "Entre a bacia do São Francisco e as águas do Atlântico, alinham-se numerosos rios, cuja extensão raramente vai além de 1000 km. Com um regime subordinado às chuvas de verão, apresentam-se quase sempre encachoeirados, por terem a maior parte de seus cursos no planalto. Alguns descem da Chapada Diamantina e seus contrafortes: o *Ipiranga* ou *Vaza Barris*, com 530 km; o *Itapicuru* (900 km), oriundo da serra de Jacobina; o *Paraguaçu* (520 km), que vai ter à baía de Todos os Santos; o das *Contas* e o *Pardo* (792 km)". (Azevedo, 1958, p. 111)

VI. "Como nos demais continentes, a vegetação original da Ásia encontra-se modificada pela ação antrópica. Muitas áreas de vegetação original foram substituídas pela agricultura, pecuária e implantação de cidades, ferrovias, rodovias e indústrias. Somam-se a isso os desmatamentos realizados para a extração comercial de madeiras e o fornecimento de lenha". (Adas, 2006, p. 177)

Agora, assinale a alternativa que indica corretamente o período exemplificado em cada fragmento, de acordo com a classificação proposta neste capítulo e a sequência obtida:

a) I. Geografia Crítica; II. Geografia Clássica; III. Geografia Clássica; IV. Geografia Moderna; V. Geografia Clássica; VI. Geografia Moderna.

b) I. Geografia Moderna; II. Geografia Moderna; III. Geografia Moderna; IV. Geografia Clássica; V. Geografia Crítica; VI. Geografia Crítica.

c) I. Geografia Moderna; II. Geografia Crítica; III. Geografia Moderna; IV. Geografia Clássica; V. Geografia Crítica; VI. Geografia Clássica.

d) I. Geografia Crítica; II. Geografia Moderna; III. Geografia Clássica; IV. Geografia Clássica; V. Geografia Moderna; VI. Geografia Crítica.

Atividades de aprendizagem

Questões para reflexão

1. Leia o fragmento de texto a seguir, da autoria de Piotr Kropotkin: "Realizaram-se pesquisas e descobriu-se, com estupor, que havíamos conseguido que esta ciência [Geografia] – a mais atrativa e sugestiva para pessoas de todas as idades – resulte em nossas escolas como um dos temas mais áridos e carentes de significado. Nada interessa tanto às crianças como as viagens; e nada é mais árido e menos atrativo, em muitas escolas, do que aquilo que nelas é batizado com o nome de geografia". (Kropotkin, 2016)

   O texto em que se encontra esse fragmento foi publicado originalmente no final do século XIX. Reflita sobre as causas que favorecem a permanência do problema relatado. Posteriormente, discuta com seu grupo de estudos que ações poderiam reverter e alterar a situação descrita.

2. Lembre-se de quando era estudante da educação básica. Os encaminhamentos metodológicos e os processos de avaliação adotados por seus professores poderiam ser classificados em que tipo de Geografia escolar: moderna, crítica ou uma mescla de ambas? Analise as práticas docentes e discuta os resultados com seu grupo de estudos. Reflita sobre o motivo de determinado tipo de Geografia escolar ter prevalecido nas experiências escolares dos integrantes do grupo.

Atividade aplicada: prática

Realize uma entrevista com pessoas que cursaram a educação básica em diferentes momentos. O interessante é que o grupo de entrevistados seja bastante heterogêneo, abrangendo pessoas mais idosas, que já terminaram há bastante tempo a educação básica, até as mais jovens, que finalizaram esse nível de ensino recentemente. Pergunte a elas quais eram os conteúdos trabalhados em Geografia, como era a metodologia dos professores e o processo de avaliação. Anote as respostas e compare com a discussão realizada neste capítulo, verificando qual Geografia escolar predominou nas respostas.

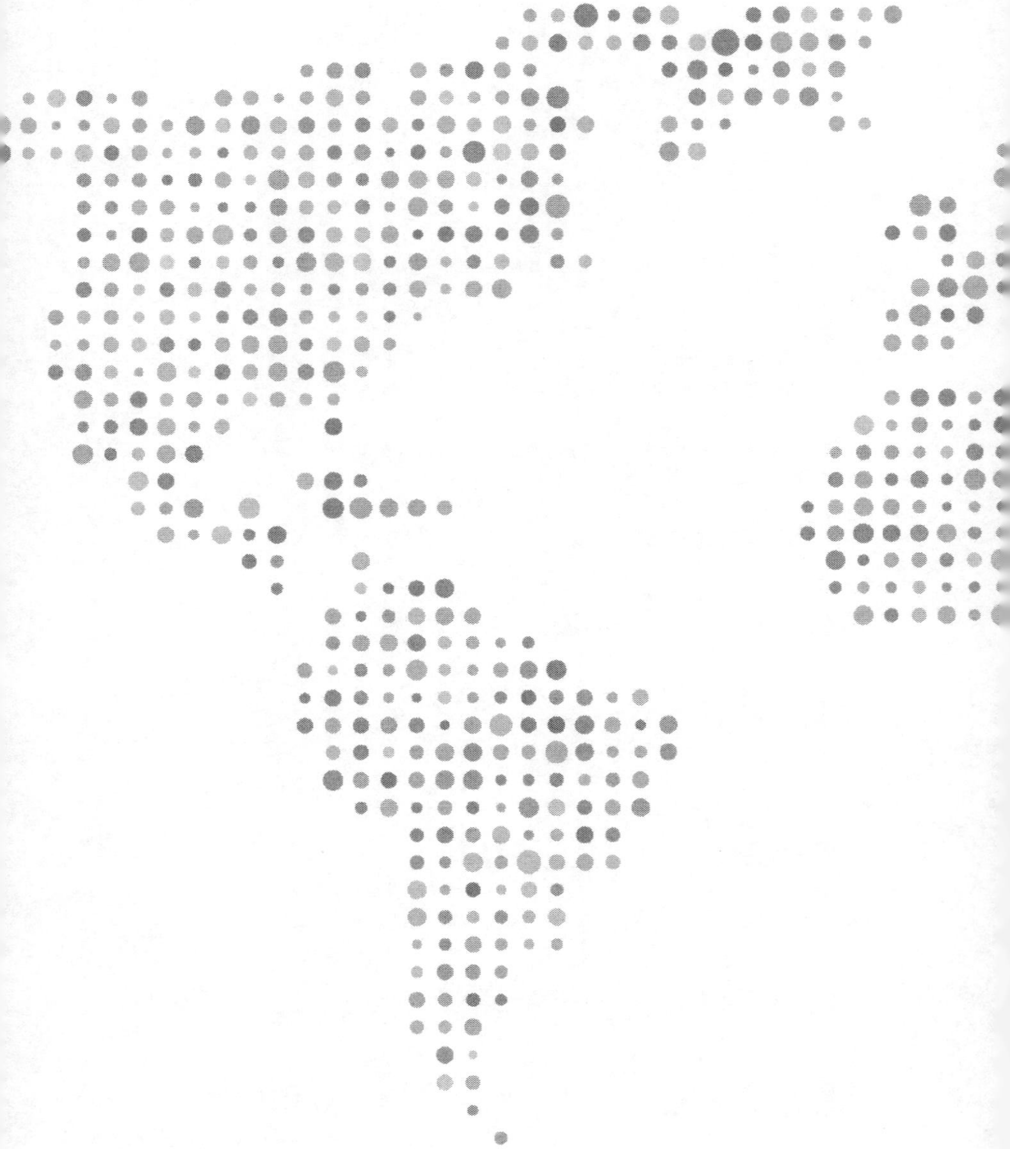

3

Alternativas metodológicas para o ensino de geografia: recursos audiovisuais e textos escritos

Neste capítulo, daremos início à apresentação de sugestões sobre a utilização de diferentes recursos no ensino de geografia na educação básica. Nessa perspectiva, vamos nos pautar na discussão sobre propostas de atividades envolvendo os recursos audiovisuais, como filmes, documentários, músicas e textos escritos, especialmente jornais de notícias e literatura. O principal objetivo deste capítulo é demonstrar que há uma ampla variedade de recursos e materiais didáticos que podem ser mais bem aproveitados na educação básica, a fim de viabilizar práticas docentes que contribuam para o desenvolvimento do raciocínio espacial dos alunos e a ampliação da compreensão que eles têm sobre o espaço geográfico.

3.1 Necessidade de diferentes encaminhamentos metodológicos

Por meio do que foi exposto no capítulo anterior, verificamos que, durante muito tempo, a Geografia escolar caracterizou-se como uma disciplina que tinha a mnemônica como um de seus principais encaminhamentos metodológicos. Os professores, de modo geral, apresentavam aos alunos uma lista infindável de nomenclaturas e definições, as quais deveriam ser memorizadas para que se obtivesse êxito nas avaliações. Muitas vezes, isso ocorria em forma de questionários, prática que permaneceu sendo executada durante décadas.

No entanto, ressaltamos que, embora estejamos nos referindo especificamente à Geografia, devemos ter claro que esse tipo de metodologia foi comum também a várias outras disciplinas, como a História, por exemplo, que, durante muito tempo, pautou-se na memorização das datas de determinados acontecimentos.

Essa metodologia está atrelada à concepção tradicional da educação. Conforme aponta Libâneo (2013), um dos grandes objetivos dessa concepção era transmitir informações sobre a cultura geral e o conhecimento acumulado pela humanidade. Porém, metodologicamente, esses conteúdos eram tratados isoladamente nas disciplinas, sem relação com os problemas da vida e da sociedade. Por esse motivo, fica fácil compreender o motivo do desinteresse dos alunos, já observado no século XIX (ver fragmento do relato do geógrafo Piotr Kropotkin presente nas questões de reflexão do capítulo anterior).

Com alterações cada vez maiores no campo das comunicações, das informações e da tecnologia, o que passou a demandar o domínio de novas linguagens e técnicas para a vida em sociedade, tornou-se explícito que o ensino pautado unicamente na memorização não propiciava as condições necessárias para o enfrentamento dos desafios existentes. Considerando-se as décadas de 1960 e 1970 no Brasil, por exemplo, o que ajudava o aluno na compreensão do intenso processo migratório campo-cidade em curso e suas repercussões espaciais, quando na escola eram tratados unicamente os totais da produção agropecuária ou os tipos de solo por estados?

É preciso deixar claro que não estamos afirmando que esses conhecimentos não são importantes, mas precisam estar relacionados à sociedade e ao cotidiano dos alunos. Em razão disso, foi se ampliando a quantidade de professores e outros profissionais ligados à educação que passaram a buscar alternativas ao ensino de geografia, seja pela inserção de novos temas mais próximos à realidade e cotidiano dos alunos, seja pela discussão de novas propostas teórico-metodológicas.

Ambas as iniciativas surtiram efeito, afinal, como citado no capítulo anterior, a partir dos anos 1980, quando se ampliaram as discussões sobre o ensino de geografia, aumentando-se a quantidade de pesquisas a respeito do tema, os eventos sobre o assunto, a busca por novas metodologias, além de publicações voltadas a alunos e professores, como os livros didáticos.

Embora todas essas ações tenham repercutido na melhoria do ensino e em uma Geografia escolar mais próxima à vida em sociedade, no ambiente escolar, os livros didáticos foram mais efetivos na inserção das primeiras alterações significativas nessa disciplina. Vale lembrar que alguns desses livros são utilizados nacionalmente e, por essa razão, são importantes veículos de difusão de ideias.[i] Além disso, em alguns casos, são a única fonte utilizada na aula e em seu planejamento.

Nessa perspectiva, alguns títulos inovaram não somente por apresentar novos temas que se relacionavam diretamente com a realidade do país, mas também porque buscavam relacionar, ao longo dos textos, aspectos físicos e humanos, mesmo que de modo muito tênue, característica ainda observada atualmente. Apesar de acreditarmos que, na perspectiva dos livros didáticos, a superação da fragmentação seja a maior contribuição ao ensino, o que causou realmente impacto foi a inserção de temas novos, como os relativos à desigualdade social, à pobreza, ao desenvolvimento e

---

i. Muitos estudos demonstram que os livros didáticos podem ser portadores também de ideologias. Como exemplo, podemos citar os utilizados durante o período da ditadura militar, que tinham o claro propósito de manutenção do sistema imposto por meio da doutrinação.

ao subdesenvolvimento etc., os quais já citamos no capítulo anterior. Essas discussões tiveram tanto impacto na Geografia escolar que, atualmente, dificilmente encontramos algum currículo sem esses temas ou algum professor que não os cite ou os discuta em suas aulas.

No entanto, se as mudanças observadas nos currículos e livros didáticos foram evidentes e representativas, não podemos afirmar que isso tenha ocorrido integralmente nos encaminhamentos metodológicos adotados em sala de aula. Ainda hoje, em alguns casos, podemos observar uma forte ligação com a geografia denominada *tradicional*, seja pela forte dependência do livro didático, seja por um ensino desvinculado da realidade dos alunos, embora grande parte dos docentes realize esforços no sentido de romper com essa prática.

Dada a relevância dessas questões, vamos analisá-las sucintamente antes de tratar especificamente sobre as alternativas metodológicas a que nos propomos neste capítulo. Entendemos que é necessário refletir sobre isso para haver mais mecanismos de avaliação das práticas docentes, no sentido de propiciar um ensino de geografia que realmente contribua para a formação do aluno e sua vida em sociedade.

Assim, podemos observar o emprego excessivo do livro didático em várias escolas do Brasil, sendo em alguns casos o único material utilizado, servindo como fonte de organização de currículo, planejamento, informações, imagens, mapas e exercícios.

Vale lembrar que, atualmente, o livro didático é distribuído nacionalmente de forma gratuita a todos os estabelecimentos escolares da rede pública. Nesse sentido, se no início da Geografia escolar justificava-se sua grande relevância – afinal, os professores que ministravam a disciplina não tinham formação na área –, atualmente essa dependência deve ser revista. Entendemos que, em determinadas situações de infraestrutura escolar precária, esse material tenha uma importância maior, mas ele não deve ser o único meio de se trabalhar os conteúdos das disciplinas.

Primeiramente, não se criam situações de aprendizagem significativa quando se dá excessiva importância aos conteúdos presentes nesse tipo de material. Como afirma Libâneo (2013), o livro didático por si só não tem vida; seu uso como ferramenta de ensino depende do professor, ou seja, "vencer" o conteúdo do livro não garante aprendizagem. Em segundo lugar, muitos dos exemplos citados nesses materiais não se vinculam à realidade dos alunos, por isso a importância de o professor utilizar estratégias para contextualizar a discussão.

O tema *industrialização brasileira*, por exemplo, é tratado de modo geral nos livros didáticos, indicando-se a evolução no país, principais cidades e estados etc. Mas, afinal, qual o impacto desse processo na cidade onde os alunos residem? Além dos aspectos gerais, os quais obviamente os alunos devem compreender, podemos utilizar esse tema para discutir o local, ou seja, se é uma atividade econômica representativa; as consequências se não for; a relação e a ligação com escalas mais amplas, entre várias outras possibilidades. Essa abordagem, que ultrapassa o que está no livro didático, é muito mais representativa para o processo de aprendizagem.

> Além do uso mais contextualizado desse material, defendemos aqui a relevância da inserção de outros recursos no ensino de geografia, de modo que os encaminhamentos metodológicos adotados pelo professor em sala de aula permitam o contato dos alunos com outros tipos de linguagem, além da textual presente nos livros didáticos.

Obviamente, não se trata apenas de colocar música para os alunos escutarem ou passar vídeos durante as aulas, por exemplo, pois isso não garante a melhoria do ensino. Trata-se de utilizar esses recursos como alternativas metodológicas realmente pensadas, planejadas e relacionadas com os objetivos de aprendizagem estipulados, de modo a promover as alterações necessárias na Geografia escolar, para que essa disciplina cumpra seus objetivos e suas finalidades, discutidos no primeiro capítulo deste livro.

> Nessa perspectiva, são importantes as considerações de Pontuschka, Paganelli e Cacete (2007), com as quais concordamos. De acordo com as autoras, os recursos didáticos, por se caracterizarem como mediadores do processo de ensino-aprendizagem, devem adequar-se "aos objetivos propostos, aos conceitos e conteúdos trabalhados, ao encaminhamento do trabalho desenvolvido pelo professor em sala de aula e às características da turma, do ponto de vista das representações que trazem para o interior da sala de aula" (Pontuschka; Paganelli; Cacete, 2007, p. 216). Portanto, somente quando devidamente utilizados é que os recursos didáticos permitem melhor aproveitamento no processo de ensino-aprendizagem, além de maior participação e interação dos alunos entre si e com o professor.

Entre os vários recursos didáticos existentes, podemos citar alguns, como livros didáticos e paradidáticos, mapas, fotografias aéreas, imagens de satélite, literatura, músicas, poemas, fotografias, filmes, videoclipes, jogos, jornais e revistas. Como podemos observar, esses recursos abrangem vários tipos de materiais e linguagens (Pontuschka; Paganelli; Cacete, 2007). Assim, em meio às possibilidades indicadas, trataremos, na sequência, do uso de vídeos, músicas, jornais e literatura no ensino de geografia na educação básica.

3.2 Vídeos: filmes cinematográficos

Os vídeos não são novidade nos ensinos fundamental e médio, uma vez que esse tipo de recurso didático é utilizado há um bom tempo. É possível que você se lembre de que, em algum momento quando estava na educação básica, foi utilizado esse material com sua turma, tanto em forma de filme cinematográfico, documentário ou curta-metragem quanto de desenho ou videoclipe. O vídeo é um recurso didático que abrange várias categorias, sendo algumas mais utilizadas em sala de aula do que outras. Nessa perspectiva, pelo fato de considerarmos que, dentre os diferentes tipos de vídeo, o filme cinematográfico destaca-se como um recurso didático que pode ser bastante explorado – e também por ser muito utilizado nas escolas –, voltaremos a tratar dele mais adiante.

Antes de dar continuidade à discussão sobre o uso do filme cinematográfico nas aulas de geografia, consideramos relevante tecer alguns comentários, mesmo que breves, a respeito das características desse recurso didático. Campos (2006) afirma que existem controvérsias quanto ao entendimento do filme cinematográfico: Afinal, ele é uma arte ou uma técnica? Uma obra ou uma mercadoria? Ou um conjunto de tudo isso? É necessário refletir sobre essas questões, pois dependendo de qual concepção consideramos verdadeira, teremos uma postura diferenciada e um encaminhamento metodológico distinto. Assim, como afirma Barbosa (2013), se compreendemos o cinema unicamente como uma obra de arte, então o veremos como um meio significativo de observação da realidade, como possibilidade de libertação; no entanto, se o entendemos apenas como uma mercadoria, resultado da reprodução em série de artefatos e da homogeneização cultural, verificaremos que o cinema pode ser portador de ideologias em um contexto de consumo em massa de bens culturais.

Para saber mais

Para aprofundamento sobre a discussão, Barbosa (2013) indica duas obras que apresentam visões distintas sobre o cinema.

ADORNO, T. W.; HORKHEIMER, M. **Dialética do esclarecimento**. Rio de Janeiro: J. Zahar, 1996.

BENJAMIN, W. **A obra de arte na época de suas técnicas de reprodução**. São Paulo: Abril Cultural, 1983. (Coleção Os Pensadores).

Entendemos que ambas as posições são verdadeiras, pois o cinema, como fonte de cultura e informação, pode ser aproveitado em sala de aula para mostrar aspectos da realidade e, ao mesmo tempo, se devidamente utilizado, para evidenciar como esse produto traz subjacente uma série de ideias, posições e ideologias que são divulgadas mundialmente nas grandes produções comerciais.

Conforme demonstra Campos (2006, p. 1), "o cinema exprime, direta ou indiretamente, os valores do autor do roteiro, do diretor, da sociedade e do momento histórico no qual foi realizado" e, como nem sempre seus produtores estão interessados na verdade, necessitamos analisar criteriosamente os valores expressos. Em razão de todas essas características, reiteramos a relevância de os professores conhecerem os aspectos inerentes a essa linguagem, como salientado por Pontuschka, Paganelli e Cacete (2007), para não incorrerem em erros quando da utilização desse material.

Nessa perspectiva, são diversos os estudiosos sobre o tema que defendem o uso dos filmes cinematográficos no ensino de geografia. Barbosa (2013) indica que os filmes apresentam inúmeras potencialidades para enriquecer o processo de ensino-aprendizagem em geografia, pois têm a vantagem de inserir o lúdico no trabalho do professor e promover fortes impressões sobre a realidade. Aliado a isso, está o fato de sempre estabelecerem a noção de espaço, pois qualquer história representada sempre se passa em algum lugar, por mais que seja ficcional.

Seguindo a mesma linha, Pontuschka, Paganelli e Cacete (2007, p. 280) afirmam que, para os professores de Geografia, os filmes têm importância, pois podem servir "de mediação para o desenvolvimento das noções de tempo e de espaço na abordagem dos problemas sociais, econômicos e políticos". Campos (2006) indica que os filmes se caracterizam como um meio de expressão artística e como um importante instrumento de comunicação, podendo ser utilizados em discussões sobre valores e para criar condições de um conhecimento maior da realidade, pautado na reflexão.

Para que todos esses aspectos possam ser aproveitados da melhor maneira possível, alguns elementos devem ser observados na análise dos filmes cinematográficos utilizados. Nesse sentido, Barbosa (2013) sugere três filtros para a leitura das imagens cinematográficas em uma perspectiva geográfica: (1) a **autenticidade** das paisagens apresentadas; (2) o **etnocentrismo** e os **arquétipos** de figuração; e, por fim, (3) a **subjetividade** do autor na narração e na escolha dos enquadramentos do espaço representado. Esses filtros nos auxiliam em uma leitura crítica das imagens e ideias presentes nos filmes cinematográficos.

Em primeiro lugar, no que se refere à **autenticidade**, temos de ter claro que nem sempre as imagens presentes nos filmes são realmente aquilo que se está representando, ou seja, é possível observar a não autenticidade dos lugares representados. Barbosa (2013) apresenta alguns exemplos elucidativos a respeito. Determinadas paisagens são criadas em estúdios: a região norte-canadense pode tornar-se a Sibéria, as florestas da América Central podem representar as do Vietnã, ou ainda, a paisagem do "velho oeste" pode ser recriada no sul, norte ou nordeste dos Estados Unidos e até no sul da Espanha. Embora sejam paisagens que se assemelham às representações, não são autênticas e, por isso, temos de ter cautela ao utilizá-las como exemplos da realidade.

O segundo filtro a que devemos submeter um filme a ser utilizado em sala de aula, de acordo com Barbosa (2013), é o referente à análise dos **estereótipos** e **clichês** empregados na reprodução de concepções pretensamente homogeneizadoras do mundo. Dessa forma, primeiramente, sociedades que não partilham os valores e objetivos da matriz ocidental são, muitas vezes, representadas por meio de leituras redutoras e reprodutoras de preconceitos. É o caso de vários filmes que se passam na África, por exemplo, em que os africanos são vistos como expressões de atraso, subdesenvolvimento, pobreza e barbárie.

Algumas produções também constroem e reproduzem determinados estereótipos, como as hollywoodianas que tratam do Brasil, o qual, em muitos filmes, é representado por praias, florestas, festas e mulheres sensuais, sendo destino para pessoas desajustadas, como bandidos, traficantes, golpistas etc. Outro estereótipo são os que tratam o mundo árabe, nos quais, em vários casos, a paisagem é composta por camelos, desertos e palmeiras, e as mulheres são confinadas aos papéis de dançarinas do ventre. Queremos ressaltar que, apesar de todos esses problemas, esses filmes podem ser utilizados justamente para desconstruir com os alunos determinados estereótipos reproduzidos pelo cinema e difundidos pelo mundo.

Por fim, o terceiro filtro a que Barbosa (2013) faz referência é o de análise da **subjetividade** do autor na narração e na escolha dos enquadramentos do espaço representado. Em relação à subjetividade, o autor evidencia que nenhum filme é neutro ou imparcial, em virtude de dois fatores principais. Primeiro, porque esse tipo de produção está vinculado às proposições de um modelo estético, da trama ou mesmo das exigências mercantis de quem o financia. Segundo, porque a narrativa é presidida pela concepção de mundo do realizador, ou seja, o filme já nasce de um imaginário social, do qual é inseparável.

Por exemplo, vemos claramente a concepção de mundo que estava presente nos filmes produzidos nos Estados Unidos durante a Guerra Fria e que representavam o conflito: homens estadunidenses heroicos que lutavam bravamente contra as atrocidades cometidas pelo opositor. Os estadunidenses, nessa visão, eram os únicos que tinham consciência da ameaça de uma catastrófica guerra nuclear e os meios (nem sempre lícitos e humanitários) para impedi-la.

No que se refere ao enquadramento do espaço representado, o modo como isso é realizado traduz determinadas concepções de mundo. Você já percebeu que, por exemplo, nessas produções cinematográficas é no topo, ou seja, nos grandes edifícios e arranha-céus, que os acontecimentos são mais velozes, as decisões mais importantes são tomadas e as pessoas importantes residem e trabalham? Contrariamente, no plano horizontal está a vida cotidiana, alheia a tudo isso, em razão de suas "ocupações banais" (Barbosa, 2013, p. 127). É interessante que, no uso de tais filmes, esses elementos sejam destacados e discutidos, evidenciando como o espaço pode ser um atributo que veicula representações e ideologias.

Além dos filtros de análise das imagens cinematográficas, temos de estar atentos a outros elementos que envolvem a utilização dos filmes como recurso didático no ensino de geografia. Como salientam Pontuschka, Paganelli e Cacete (2007) e Barbosa (2013), esse tipo de recurso não deve ser adotado simplesmente como ilustração ou constatação do que foi falado em sala ou que está presente no livro didático. O seu uso ultrapassa essa concepção. Assim, devemos considerar que o papel do filme no ambiente escolar é o de provocar uma situação de aprendizagem para alunos e professores, estando a serviço da investigação e da crítica a respeito da sociedade em que vivemos (Barbosa, 2013).

Também podemos considerar, tal como afirmam Pontuschka, Paganelli e Cacete (2007), que outra função do uso do filme na escola é a de possibilitar a abertura de horizontes intelectuais para a análise do mundo, algo absolutamente necessário à formação da criança e do jovem. Outra questão relevante sobre o uso do filme em sala de aula é a apontado por Campos (2006), o qual afirma que, diante das situações em que não há possibilidade de visitar determinados lugares ou de "voltar ao passado", esse recurso cumpre um papel interessante como meio de exemplificação; no entanto, sempre devemos estar atentos à paisagem representada e à ideologia dos responsáveis pela produção.

Caracterizado como um recurso didático, o filme (e também os demais tipos de vídeo) não pode ser utilizado aleatoriamente. De acordo com Barbosa (2013), seu uso sempre deve ser inserido no contexto em que se pretende trabalhar (temas, conceitos, periodizações e configurações espaciais). Dessa forma, é importante preocupar-se com o planejamento da atividade envolvendo esse recurso: objetivos claros e definidos quanto ao seu uso, que tipo de trabalho de reflexão será realizado, tempo a ser utilizado, atividades correlatas, encaminhamentos, avaliação do processo de ensino-aprendizagem etc. (Pontuschka; Paganelli; Cacete, 2007). Especificamente sobre a avaliação, ressaltamos que não se trata da aplicação de um teste de mensuração sobre o vídeo, mas que meios utilizaremos para constatar se os alunos atingiram ou não os objetivos estipulados para a atividade.

Além disso, destacamos a necessidade de avaliar dois elementos concernentes a esse tipo de recurso didático. O primeiro refere-se à atenção com o **tempo necessário** para a execução do filme cinematográfico, que geralmente é longo para ser reproduzido, podendo levar de duas a três aulas. Nesse caso, é preciso ponderar se é realmente necessário exibi-lo inteiro ou se é possível utilizar apenas algumas partes mais representativas para o que está sendo trabalhado.

Nesse sentido, Campos (2006) apresenta outras possibilidades, como sugerir aos alunos que assistam ao filme completo em casa ou estimular que o grêmio estudantil promova a exibição em horários alternativos. Do mesmo modo, em razão do tempo, os professores podem optar pelo uso de curtas de ficção ou documentários menores, os quais podem ser reproduzidos e discutidos em uma aula.

O segundo elemento diz respeito à **faixa etária** indicativa do filme. É necessário verificar se o filme é condizente com a idade dos alunos. Muitas produções podem ser interessantes para se trabalhar determinados conteúdos de geografia, mas apenas para determinadas faixas etárias. Por isso a relevância de se conhecer o filme: para evitar problemas com algumas cenas para certos grupos etários, como linguajar inapropriado, nudez, violência, uso de drogas etc.

Indicação cultural

Em relação a artigos acadêmicos, indicaremos dois, embora tenhamos consciência de que existem muitos outros:

CAMPOS, R. R. de. Cinema, geografia e sala de aula. **Estudos Geográficos**, Rio Claro, SP, v. 4, n. 1, p. 1-22, jun. 2006.

MOREIRA, T. de A. Ensino de geografia com o uso de filmes no Brasil. **Revista do Departamento de Geografia – USP**, São Paulo, v. 23, p. 55-82, 2012.

O primeiro artigo indica mais de 150 produções cinematográficas e o segundo, 125. Em ambos os casos, os filmes podem ser trabalhados em diversos temas tratados no ensino de geografia, para as distintas séries da educação básica. Além dos dois artigos, é relevante a leitura do texto de Pontuschka, Paganelli e Cacete (2007), que, além de trazer indicações de títulos, apresenta propostas pertinentes de encaminhamentos metodológicos.

PONTUSCHKA, N. N.; PAGANELLI, T. I.; CACETE, N. H. **Para ensinar e aprender geografia**. São Paulo: Cortez, 2007. (Coleção Docência em Formação. Série Ensino Fundamental).

Por fim, ressaltamos que há uma ampla quantidade de filmes cinematográficos, curtas, documentários, videoclipes etc. que pode ser utilizada didaticamente no ensino de geografia. Não nos deteremos em fazer uma extensa lista sobre indicações de títulos para o uso em sala de aula, pois há vários trabalhos, artigos, pesquisas e páginas de internet que já apresentam esse tipo de levantamento.

3.3 Músicas

A utilização da música como um recurso didático nas escolas vem se ampliando nos últimos anos. Esse crescimento decorre das potencialidades de sua utilização e pela possibilidade de trabalho em e entre distintas disciplinas, como em projetos de interdisciplinaridade.

Especificamente no ensino de geografia, a música tem se tornado um importante mediador do processo de ensino-aprendizagem, haja vista a ludicidade inerente a esse recurso didático e as possibilidades de uso de uma linguagem distinta da escrita para a compreensão de elementos e processos do espaço geográfico. Sua relevância para o ensino pode ser observada, inclusive, nos livros didáticos, entre os quais alguns passaram a trazer letras de músicas como meio de exemplificar certos conteúdos e enriquecer a análise.

O incentivo ao uso da música nas aulas de Geografia advém da relevância de se trabalhar com diferentes linguagens no ensino dessa disciplina. Conforme indicam Pontuschka, Paganelli e Cacete (2007), as várias linguagens utilizadas, tanto no ambiente escolar quanto em outros lugares, ampliam os horizontes do conhecimento em jovens, professores e até de cidadãos que já passaram pela escola. Ao tratar especificamente da música, constatamos como essas afirmações são válidas, afinal, determinadas canções ensejam a reflexão sobre alguns aspectos da vida em sociedade. Provavelmente, você já deve ter se deparado com alguma música que lhe fez refletir sobre questões sociais mais amplas, como a vida dos emigrantes nordestinos, retratada por meio das canções de Luiz Gonzaga, por exemplo.

Nessa perspectiva, pela música é possível despertar a sensibilidade dos alunos para a observação tanto de elementos mais gerais quanto específicos às disciplinas escolares. Correia (2009) apresenta alguns elementos sobre isso ao afirmar que a linguagem musical pode tanto potencializar a formação dos conceitos e representações quanto estimular a relação mais próxima entre professores e alunos. Aliás, essa é uma característica bastante discutida também por outros autores, como Pereira (2012) e Pinheiro et al. (2004).

Indo ao encontro de Correia (2009), Pereira (2012) afirma que a música, com sua melodia e letra, pode ser utilizada na problematização de questões cotidianas e na formação do cidadão por meio da ludicidade e interatividade, afinal, há uma amplitude de abordagens que podem ser identificadas nos diversos gêneros musicais. Essa diversidade de gêneros musicais é um dos elementos considerados mais representativos no uso da música no ensino, pois permite atingir vários públicos e preferências musicais.

Assim, o uso da música possibilita aos alunos olharem a disciplina sob uma nova perspectiva, despertando o interesse pelas aulas, pois, como demonstram Pinheiro et al. (2004), apesar de esse recurso didático não ilustrar de modo visual o conteúdo (excetuando-se, claro, os casos em que utilizamos os videoclipes), ele se apresenta como um veículo de expressão apropriado para aproximar os alunos dos temas a serem estudados.

Além disso, ainda segundo esses autores, dificilmente se encontrará alguma pessoa que não goste de música, constituindo-se em um recurso atrativo, pois os alunos, sejam crianças, sejam jovens, poderão compartilhar suas preferências ou indicar sua aprovação ou reprovação por determinado tipo de canção, estimulando a participação em aula (Pinheiro et al., 2004). Para além desses fatores apontados pelos autores, podemos considerar também as sugestões de músicas feitas pelos próprios alunos, o que favorece não somente a ampliação do repertório a ser utilizado em sala, mas também uma atuação ainda maior destes em sala de aula.

Outro aspecto positivo que devemos levar em consideração é a grande vantagem que a disciplina de Geografia tem em utilizar esse recurso, afinal, ela apresenta uma pluralidade de assuntos abordados, e muitos são temas de canções, tal como nos apontam Pinheiro et al. (2004).

> Quando analisamos minimamente o repertório de músicas existentes, encontramos várias em que o tema da canção versa sobre o meio ambiente, guerras, desigualdade social, preconceito, consequências do capitalismo, falta de infraestrutura, características regionais ou problemas sociais, apenas para citar alguns que, como podemos perceber, são temas da Geografia escolar. Além disso, devemos destacar a ampla variedade de temas e gêneros musicais brasileiros, constituindo-se em um amplo acervo para o uso no ensino.

Para que a música se configure como um recurso didático de fato, e não somente como um momento de distração propiciado pelos professores, devemos cuidar de certos aspectos. Pinheiro et al. (2004) indicam que, primeiramente, devemos fazer uma seleção criteriosa das canções, pois quanto mais relacionadas com os temas a serem trabalhados, mais os alunos os identificarão com a realidade, facilitando a obtenção dos objetivos estipulados.

Após a escolha criteriosa da canção, é preciso fazer com os alunos a interpretação da letra, identificando os elementos representados, relacionando-os com os conteúdos trabalhados e verificando os termos desconhecidos pelos alunos, visando favorecer a compreensão da música. Todos esses cuidados indicados pelos autores demonstram a importância do professor como mediador no processo de ensino-aprendizagem, concretizando a música como um recurso de aprendizagem, integrante da aula.

Mais um aspecto que gostaríamos de salientar é a necessidade de evitar se valer de apenas um único intérprete. Nesse sentido, novamente trazemos as discussões apresentadas por Pinheiro et al. (2004), os quais afirmam que utilizar em uma turma somente as músicas de um único intérprete repetidas vezes pode ter um efeito contrário ao desejado, pois pode amenizar ou até anular o impacto das letras. Nesse caso, corre-se o risco de a atividade passar a ser comum, não despertando o interesse desejado.

Tal como qualquer outro recurso didático, a música também requer atenção sobre o planejamento de seu uso. Assim, para além das questões indicadas anteriormente por Pinheiro et al. (2004), é necessário também organizar previamente os encaminhamentos metodológicos, por exemplo: Como proceder à audição? Será realizada uma contextualização antes ou depois da execução da música? Que atividades serão desenvolvidas com base na canção? Quanto tempo será necessário para a realização da proposta? Como avaliar se os alunos atingiram os objetivos estipulados para a aula? Como podemos observar, os elementos citados são inerentes a qualquer prática pedagógica e, por isso, devem ser sempre considerados.

Do mesmo modo, é importante verificar se o uso da música está adequado aos objetivos estipulados para os conteúdos e temas a serem trabalhados, ao encaminhamento do professor em sala e às características da turma (Pontuschka; Paganelli; Cacete, 2007).

Além disso, acreditamos que as considerações efetuadas anteriormente para os filmes também são válidas, como observar se as letras são apropriadas para serem trabalhadas em sala. Embora muitas letras tragam um panorama bastante representativo da realidade, devemos observar se não há expressões ou palavras ofensivas, como palavrões, por exemplo, disseminação de preconceitos em relação às mulheres, a alguns grupos étnicos ou, ainda, à orientação sexual.

Em relação às atividades que podem ser desenvolvidas com a utilização da música em sala de aula, salientamos que há inúmeras possibilidades. Apresentaremos a seguir algumas delas, as quais podem servir de inspiração a você em sua prática docente.

Ao relatar sua experiência, Correia (2009) demonstra que a música foi utilizada em uma perspectiva teórico-metodológica da geografia cultural e da fenomenologia. Nesse caso, após escutarem músicas ligadas a questões ambientais, os alunos expressaram suas impressões por meio de desenhos (mapas mentais) e textos (redações ou poemas), evidenciando a relação dos alunos com o espaço vivido. Com base nesses materiais, os alunos foram instigados a pesquisar sobre as causas e as consequências dos problemas ambientais e de alguns fenômenos da natureza. Conforme o referido autor, o trabalho final foi bastante rico, sendo composto por cartazes, maquetes, declamação de poesias, músicas e dramatização (Correia, 2009).

Como podemos observar na experiência relatada por Correia (2009), a utilização da música serviu de inspiração e instigou os alunos a também romperem com a elaboração de trabalhos tradicionais, como os escritos. Vale lembrar que o modo de apresentação do trabalho final era livre.

As outras atividades a serem apresentadas foram desenvolvidas por Silva (2013) e também envolvem a **utilização da música** aliada a outros tipos de linguagem e o desenvolvimento de habilidades. Embora o autor apresente várias propostas, iremos nos deter em duas.

Tendo como ponto de partida uma canção que relata a diversidade da população brasileira, o autor solicitou aos alunos uma pesquisa com os moradores do bairro a respeito das características das cores de cabelo, pele e olhos. Com os dados coletados, os alunos elaboraram gráficos e desenhos. Outra atividade foi relacionar, com base em uma música, elementos culturais do Paraná com as características físicas do estado. O trabalho final dos alunos, apresentado em história de quadrinhos, evidenciou como os elementos trabalhados anteriormente estavam presentes em seus cotidianos e em suas histórias de vida.

Indicação cultural

Para aqueles que se interessarem, sugerimos a leitura completa do trabalho de Silva (2013):

SILVA, M. M. da. **O uso da linguagem musical no ensino de geografia**. 73 f. Monografia (Trabalho de Conclusão de Curso em Geografia) – Universidade Federal do Paraná, Curitiba, 2013.

Em vista do exposto, é importante ressaltar, ainda, que a música pode ser utilizada conjuntamente a outras linguagens, como desenhos, textos, gráficos ou mapas, e também como uma possibilidade de trabalho interdisciplinar. Dada a riqueza desse recurso didático, entendemos que é possível o desenvolvimento de propostas que não ficam restritas unicamente à Geografia escolar, mas que também envolvam outras disciplinas do currículo da educação básica.

3.4 Jornais impressos

Mesmo em um contexto de grandes avanços tecnológicos, em que o computador e a internet destacam-se cada vez mais como meios principais de informação para parte da população, consideramos que o jornal impresso tem um importante papel para o ensino nas mais diversas disciplinas do currículo da educação básica, haja vista suas inúmeras potencialidades de uso.

Por esse motivo, neste item, trataremos desse meio de comunicação e informação como um recurso didático relevante que pode ser utilizado no ensino da Geografia escolar. Nesse contexto, entendemos que é importante ressaltar inicialmente três aspectos básicos e inerentes a esse recurso didático no ensino dessa disciplina: (1) sua relação com o desenvolvimento da **leitura** e da **interpretação**; (2) a demonstração da **cotidianidade** do espaço geográfico; (3) a perspectiva de análise em **várias escalas**.

Em relação ao primeiro aspecto, como demonstram Pontuschka, Paganelli e Cacete (2007), as capacidades de **ler e interpretar** são importantes para qualquer disciplina escolar, pois é por meio delas que se amplia a possibilidade de compreender a realidade social com mais profundidade. De acordo com as autoras, conforme o aluno vai aprofundando a capacidade de compreensão e análise, passa a ser possível tanto o desenvolvimento de uma postura mais crítica sobre os textos lidos quanto o exercício de expressar-se por meio de textos de sua própria autoria.

Especificamente para a disciplina de Geografia, Castellar e Vilhena (2011) reforçam essa concepção, salientando a relevância do acervo linguístico para a educação geográfica, na medida em que, por intermédio da leitura e da interpretação de jornais e outros tipos de textos, propõem-se situações em que os alunos podem confrontar ideias, questionar os fatos com argumentação, ampliando-se sua capacidade crítica sobre a realidade.

No que concerne ao segundo aspecto apontado anteriormente, o uso do jornal no ensino de geografia favorece a demonstração da **cotidianidade do espaço geográfico** na vida dos alunos, como afirma Kaercher (2006). Conforme esse autor, ao utilizar o jornal como um recurso didático no ensino de determinados temas, evidencia-se que estes não são apenas conteúdos de uma disciplina escolar, mas que estão presentes no cotidiano e são importantes para entender a realidade.

Dessa forma, por exemplo, se estamos tratando sobre a estrutura etária da população brasileira, por que não levar para a sala de aula notícias que tragam informações sobre o tema ou problematizem a questão no país? Ou ainda, se estamos discutindo a industrialização no período atual, por que não levar notícias que discutam as expectativas ou os impactos da instalação de uma indústria no município onde os alunos residem? Nesse contexto, concordamos com Kaercher (2006, p. 147) quando ele afirma que o uso dos jornais em sala de aula permite tornar os conteúdos mais próximos dos alunos, pois fala-se "de gente de 'carne e osso' e não simplesmente de médias e números", como aparece muitas vezes nos livros didáticos ou, até mesmo, em alguns casos, nas explicações do professor.

O terceiro aspecto que queremos chamar a atenção quando estamos discutindo a relevância da utilização do jornal no ensino de geografia diz respeito ao fato de que o uso desse recurso didático permite fornecer subsídios para que os alunos realizem **leituras geográficas em múltiplas escalas**, como afirma Katuta (2009). De acordo com essa autora, a importância do trabalho com o jornal impresso decorre do fato de que podemos trabalhar não apenas com a grande mídia de circulação nacional, mas também com as de âmbito regional e local, que poderão apresentar o assunto com análises diferenciadas. Nesse sentido, por exemplo, o jornal de circulação nacional abordará a produção agropecuária de uma maneira, evidenciando os aspectos mais gerais ou das grandes áreas produtoras. Já os de abrangência regional ou local, ao discutir o mesmo tema, priorizarão os aspectos de uma região ou um município, respectivamente.

Ainda nessa perspectiva, esse recurso didático, ao ser utilizado conjuntamente com o livro didático, pode servir como um importante material para analisar os fenômenos e fatos geográficos em várias escalas, como nos apontam Coccia et al. (2009). Os livros didáticos geralmente abordam os assuntos de modo geral, não se detendo tanto em aspectos regionais ou locais. Dessa forma, os jornais impressos podem servir como uma articulação das escalas locais e regionais com as mais amplas. Obviamente, para que isso ocorra, não basta levar várias notícias e simplesmente apresentá-las aos alunos. Deve haver um trabalho docente que permita que os alunos compreendam as articulações que o professor demonstra.

Além desses aspectos mais gerais, podemos citar outras características dos jornais impressos, as quais reforçam a importância desse recurso didático no ensino de Geografia escolar. Uma delas é o fato de que o jornal impresso pode ser utilizado em todas as séries da educação básica, desde os primeiros anos do ensino fundamental até as séries finais do ensino médio. O que muda é o grau de dificuldade das atividades ou a complexidade das discussões realizadas. Além disso, algo que favorece seu uso em todas as séries é a facilidade de obtenção desse recurso didático, pois há alguns jornais que são distribuídos gratuitamente, além de várias escolas contarem com assinatura diária desse material.

Coccia et al. (2009, p. 176) chamam a atenção para outra característica relevante dos jornais impressos, a qual amplia as possibilidades de seu uso em sala de aula: "a presença de imagens, mapas, gráficos, charges, tirinhas, crônicas, reportagens". Como podemos observar, esse recurso didático vai além do texto, o que permite utilizar outras linguagens no ensino de geografia, tornando mais rica a atividade em sala de aula. No entanto, destacamos que em outros capítulos abordaremos vários elementos presentes nos jornais, como charges, tirinhas e mapas.

Devemos salientar, ainda, que o jornal se configura como um material que aborda os mais diversos temas. Dada essa característica, não podemos desprezá-lo como um importante recurso didático em sala, haja vista que muitos dos conteúdos abordados pela Geografia escolar estão presentes cotidianamente nesse material. Costa (2009) afirma que o jornal nos remete ao mundo contemporâneo, aos acontecimentos atuais, os quais têm implicações nas transformações observadas no espaço geográfico, nas mais diversas escalas. Ao perceber essa relação entre acontecimentos e escalas, os alunos terão meios de desenvolver uma **leitura crítica** do mundo, refletindo sobre as questões sociais, ambientais, culturais, entre outras, afinal, poderão raciocinar e questionar suas causas e consequências (Coccia et al., 2009).

Outro aspecto que queremos destacar é que o jornal pode servir também como importante **material de pesquisa**. Nesse sentido, o professor pode solicitar aos alunos que realizem diferentes tipos de pesquisa adotando esse tipo de material como fonte. A atividade pode se encerrar apenas na investigação de determinados dados, bem como pode servir para outros encaminhamentos ou discussões mais amplas.

Dessa forma, por exemplo, o entendimento sobre a valorização imobiliária urbana, resultado de uma distribuição desigual de infraestrutura e serviços, pode ter início com uma pesquisa sobre o preço dos imóveis nos distintos bairros da cidade onde os alunos residem, disponível na seção de classificados. Ou, ainda, a compreensão sobre a ação das massas de ar pode ser facilitada com uma pesquisa a ser realizada todos os dias pelos alunos na seção de previsão do tempo. Nesse caso, poderíamos utilizar como complemento imagens de satélite, facilmente obtidas na página de internet do Instituto Nacional de Pesquisas Espaciais (Inpe). É nessa perspectiva que concordamos com Costa (2009, p. 188) quando a autora afirma que "o jornal deve ser fonte de problematização", e não apenas de simples exemplificação do que falamos ou do que está no livro didático.

Tendo em vista as várias possibilidades de encaminhamentos metodológicos a ser empregados para trabalhar com os jornais impressos, apresentaremos algumas que consideramos importantes. Nesse sentido, Coccia et al. (2009) sugerem que o trabalho com o jornal pode ser iniciado com a apresentação desse material aos alunos, indicando sua organização mais geral e as várias seções que o compõem. Os autores justificam esse trabalho inicial pelo fato de que muitos alunos nunca manusearam um jornal do começo ao fim. Uma atenção especial deve ser dada ao modo como as notícias são destacadas nas manchetes da capa, o que pode revelar qual a posição do jornal utilizado sobre determinado assunto. Segundo os autores, é interessante comparar vários jornais que tenham manchetes que tratem dos mesmos assuntos, assim, é possível discutir as abordagens e versões construídas.

Vale lembrarmos que, como indica Katuta (2009), para obter o máximo de aproveitamento desse recurso didático, é necessário considerar que os jornais impressos também são portadores de ideologias e valores de seus financiadores ou proprietários. Assim, temos de estar atentos para o fato de que o conteúdo presente nos jornais não é neutro, afinal, revela a concepção de mundo e o alinhamento político de seus jornalistas, escritores, editores e proprietários. Com o conhecimento desses mecanismos, haverá mais condições de fazer análises críticas e aprofundadas desse recurso didático com nossos alunos (Almeida; Reis; Ferreira, 2009).

Além de conhecer o jornal, uma das atividades mais comuns em sala com esse material é a que utiliza artigos sobre determinados assuntos. Nesse caso, Castellar e Vilhena (2011) indicam que os textos escolhidos devem ser adequados tanto à faixa etária dos alunos quanto ao tempo disponível para a atividade. As autoras também salientam que, ao organizar atividades com o uso de textos de jornais, é necessário articular o conhecimento prévio dos alunos com os conteúdos, pois nem sempre a relação é direta ou está evidente.

E para que a atividade auxilie na compreensão conceitual e da realidade, é importante ensinar os alunos a compreender as informações, levando-os "a selecionar os fatos, organizá-los, analisá-los e criticá-los" (Castellar; Vilhena, 2011, p. 69). Do mesmo modo, em razão do posicionamento que cada jornal assume, é importante destacar para os alunos a necessidade de pesquisarem e confrontarem as informações lidas em determinado jornal com outros periódicos, jornais ou revistas semanais.

Por fim, como afirmam Almeida, Reis e Ferreira (2009), o uso de jornais não pode substituir a linguagem científica. Embora esse recurso seja relevante para aproximarmos os conteúdos de geografia da realidade dos alunos, evidenciando a cotidianidade do espaço geográfico, há a necessidade de sempre estar atento para o fato de que os alunos devem construir um referencial conceitual que lhes permita compreender criticamente a realidade. Só os jornais não dão conta disso. Por isso, o papel do professor é importante para articular o expresso nesses materiais com os objetivos e conteúdos da Geografia escolar.

3.5 Literatura

Nos últimos anos, tem se ampliado a quantidade de publicações que buscam aproximar a geografia de outras áreas do conhecimento, por exemplo, a literatura. Nessa perspectiva, podemos citar os livros de Monteiro (2002) e Marandola Junior e Gratão (2010), que trazem considerações sobre como a espacialidade está presente em várias obras literárias produzidas no Brasil. Embora não se configurem como livros destinados especificamente ao ensino de Geografia, eles nos fazem refletir sobre a busca de novos encaminhamentos metodológicos e fornecem ideias de como a literatura pode ser um importante recurso didático nessa disciplina e em trabalhos interdisciplinares.

Dessa forma, além de a literatura favorecer o desenvolvimento das habilidades ligadas à leitura e à compreensão de textos, é uma forma de se conhecer o mundo, por isso sua importância para a Geografia escolar. Pontuschka, Paganelli e Cacete (2007) indicam que, durante nossas vidas, não temos condições de conhecer o mundo e o todo da vida dos seres humanos, assim, a literatura é uma importante ferramenta para ampliar nosso conhecimento.

De acordo com Silva e Barbosa (2014), embora muitas vezes as tramas envolvam aspectos do fantástico e do irreal, devemos considerar que a obra literária é resultado de processos geográficos, históricos, políticos, econômicos, sociais e culturais (ou seja, os autores das obras literárias "captam a frequência das influências que os arranjos espaço-temporais exercem na vida das pessoas, na forma delas perceberem o espaço, produzirem o espaço e vivenciarem o espaço em relação com o seu tempo" (Teixeira; Tubino; Suzuki, 2009, p. 9). Em concepção semelhante, Cavalcante e Nascimento (2009) demonstram como a literatura apresenta outros tempos com suas estruturas sociais, suas ideologias, seus anseios e suas indagações filosóficas, envolvendo-nos na ambiência de cada momento e lugar.

Nessa perspectiva, Cavalcante e Nascimento (2009) afirmam que, como recurso didático, o texto literário favorece o desenvolvimento da habilidade dos alunos de estabelecerem **relações do ser humano** com a paisagem, a localização espacial e o ambiente. Para as autoras, a literatura e a geografia têm algo em comum: a descrição da paisagem. Assim, em muitas narrativas literárias, o espaço é um componente muito forte porque define as ações dos personagens e, principalmente, porque é utilizado para dar maior veracidade às histórias narradas.

É importante destacar também que, em muitas obras literárias, o conhecimento proveniente da geografia é relevante para entender o **contexto** em que a história acontece. Pontuschka, Paganelli e Cacete (2007) confirmam essa afirmação ao mostrar que os conhecimentos relativos à geografia foram fundamentais para o entendimento do cenário em que se passava a trama do livro *Bom dia para os defuntos*, de Manuel Scorza, utilizado em um projeto interdisciplinar desenvolvido pelas disciplinas de Geografia e Língua Portuguesa, em uma escola pública da cidade de São Paulo. As autoras demonstram que não foi somente a descrição da paisagem o elemento fundamental para a compreensão do livro em que a história se passava no Peru, mas os conhecimentos sobre processos naturais, territorialização do capital, regiões produtivas, exploração do trabalho, degradação ambiental, entre outros.

A respeito dos projetos interdisciplinares, acreditamos que sejam uma das maneiras mais interessantes de se congregar literatura e geografia. Porém, devemos estar atentos, pois essas duas áreas apresentam características distintas. Dessa forma, segundo Silva e Barbosa (2014), enquanto a geografia procura a compreensão da realidade, a narrativa literária não necessita apresentar necessariamente um panorama fidedigno do cotidiano.

É necessário atentarmos para isso, de modo que as características de cada área do conhecimento sejam levadas em consideração no encaminhamento do trabalho em sala de aula. É indispensável que os professores responsáveis pela atividade conjunta conheçam bem a obra e discutam-na bastante para verificar todas as potencialidades de seu uso. Vale destacar, ainda, que os projetos interdisciplinares, dependendo da obra literária, podem do mesmo modo envolver outras disciplinas do currículo da educação básica, como História, Sociologia e Filosofia, por exemplo.

Em relação especificamente ao uso da literatura no ensino de geografia, concordamos com Teixeira, Tubino e Suzuki (2009) quando afirmam que esse recurso didático permite uma mediação na compreensão da produção do espaço e da inserção dos homens em sua dinâmica. Como a literatura ultrapassa a escala local e apresenta elementos universais do espaço, permite aos alunos a ampliação de sua interpretação de mundo e de sua organização, na medida em que se conforma como um importante meio de investigação sobre lugares, cotidiano, paisagens, costumes etc. (Teixeira; Frederico, 2009). Essas características da literatura ainda viabilizam a compreensão da espacialidade pelos alunos, permitindo-lhes um entendimento mais amplo do espaço geográfico, que envolve as organizações social, política, econômica e cultural (Silva; Barbosa, 2014).

Nessa perspectiva, a literatura se caracteriza como um meio interessante de análise do espaço geográfico e de suas representações. Cavalcante e Nascimento (2009), com base nas contribuições de Borges Filho (2007), afirmam que, em muitas obras literárias, o espaço não apenas indica o que é o personagem, mas o influencia a agir de certa maneira. Embora essa afirmação possa ser definida como determinista[ii], é relevante para observar como algumas representações, construídas em momentos históricos específicos, se materializam em certas concepções de espaço.

Como exemplo, remetemos-nos à obra *O cortiço*, de Aluísio Azevedo, publicada pela primeira vez em 1890, em que o meio acaba moldando o comportamento dos personagens. Ao trabalhar com uma obra que tem essa visão de mundo, é necessário que os professores deixem isso evidente e a discutam com os alunos.

Em razão das inúmeras publicações literárias disponíveis em língua portuguesa, escritas por autores brasileiros ou não, e que abrangem ampla diversidade de histórias voltadas para os mais diversos públicos e faixas etárias, verificamos que há muitas possibilidades de trabalho com a literatura no ensino de geografia em todas as séries da educação básica, atingindo objetivos distintos conforme a etapa de escolarização.

Assim, por exemplo, nas séries iniciais do ensino fundamental, Beraldi e Ferraz (2012) mostram como a literatura infantil utilizada no ensino da língua materna pode ser importante para a construção das relações de vizinhança, noção escalar e de espaço vivido. Já nos ensinos fundamental e médio, Bastos (1998) citado pelas Diretrizes Curriculares da Educação Básica (Paraná, 2008), indica que a utilização da literatura pode ser um recurso de mediação na compreensão dos processos de produção e organização espacial, dos conceitos inerentes à geografia e como instrumento de problematização de conteúdos.

Quanto aos livros literários possíveis de serem utilizados no ensino de geografia nos anos finais do ensino fundamental e em

---

ii. O determinismo é uma doutrina filosófica que considera que os acontecimentos são determinados por uma relação de causalidade (causa e efeito). Nesse sentido, o meio natural tem grande influência sobre (ou determina) o comportamento do ser humano e da sociedade.

todo o ensino médio, Teixeira e Frederico (2009) afirmam que as obras do realismo e do naturalismo (século XIX) fornecem amplas possibilidades de trabalho. Um dos autores mais indicados é Aluísio Azevedo, com as obras *O cortiço*, já citada anteriormente, *Casa de pensão* e *O mulato*. Podem ser considerados também Lima Barreto, José de Alencar, entre outros. Posteriormente, no século XX, destacam-se as obras de Euclides da Cunha, José Lins do Rego e João Guimarães Rosa. Ainda de acordo com as autoras, nas obras produzidas por esses e vários outros autores brasileiros, as diferentes paisagens do Brasil são retratadas em seus aspectos naturais, sociais e culturais, por isso sua relevância para a construção histórica do território brasileiro e, por consequência, para o ensino de geografia.

Entre as várias possibilidades de encaminhamentos metodológicos que podemos pôr em prática com as obras citadas ou outras no ensino de geografia, acreditamos ser relevante a proposta de Cavalcante e Nascimento (2009). De acordo com essas autoras, alguns elementos devem ser observados quando analisamos uma narrativa literária. Nesse sentido, visando apreender as concepções de mundo e de espaço geográfico, as autoras sugerem algumas questões: "Que tipo de homem se apresenta na narrativa? Qual sua visão de mundo? Suas crenças? Seus costumes? Como ele se organiza socialmente? Qual a relação espaço/ambiente *versus* personagem?" (Cavalcante; Nascimento, 2009, p. 103).

Além das obras citadas anteriormente, acreditamos que muitas outras possam ser consideradas. Contudo, citaremos apenas algumas mais voltadas ao ensino fundamental, pois entendemos que se fôssemos listar todas nos estenderíamos demais. Assim, começamos com as obras da coleção de literatura infantil produzidas por Monteiro Lobato, em especial *Geografia de Dona Benta*, em que muitos temas da geografia são tratados com base em histórias contadas pela personagem Dona Benta. No entanto, é importante salientar que é um livro produzido na década de 1950, portanto, a concepção que se tem de geografia é a daquele momento, o que não diminui a importância e a riqueza da obra.

Outro autor que queremos destacar é Júlio Verne, especialmente com a obra *A volta ao mundo em 80 dias*, em que podemos discutir inúmeros temas da Geografia escolar, por exemplo, os fusos horários e a Linha Internacional de Mudança de Data, o movimento de rotação da Terra, as diferenças culturais entre os países, entre outros.

Por fim, queremos salientar dois pontos referentes ao uso da literatura como recurso didático. Primeiro, as obras literárias não devem ser utilizadas apenas como ilustração ou exemplificação de algo que foi discutido em sala (Silva; Barbosa, 2014). Em segundo lugar, como qualquer atividade em sala, deve ser planejada, levando em consideração os temas a serem trabalhados, os objetivos, os encaminhamentos metodológicos, a avaliação do processo de ensino-aprendizagem etc. Além disso, de acordo com as Diretrizes Curriculares da Educação Básica (Paraná, 2008), ao optar por utilizar esse recurso didático, o professor deve considerar a adequação da linguagem à etapa de escolarização dos alunos.

Síntese

Neste capítulo, verificamos a necessidade de utilizar outros recursos didáticos além dos livros didáticos. Assim, analisamos quatro recursos principais: os vídeos (em especial os filmes cinematográficos), as músicas, os jornais impressos e a literatura. Cada um desses recursos apresenta características específicas que devem ser conhecidas e consideradas no momento de planejamento das atividades a serem desenvolvidas conjuntamente com os alunos. Além disso, esses recursos devem se adequar aos temas trabalhados, aos objetivos estipulados, ao encaminhamento do professor e às características da turma. Se devidamente utilizados, eles favorecem não somente uma melhor compreensão dos temas tratados pela Geografia, mas também possibilitam que os alunos percebam como os conhecimentos dessa disciplina estão presentes em seu cotidiano.

Indicações culturais

IBGE – Instituto Brasileiro de Geografia e Estatística. **Atlas das representações literárias das regiões brasileiras**: Brasil meridional. Rio de Janeiro: IBGE, 2006. v. 1.

A obra é o primeiro volume de um projeto desenvolvido pelo IBGE que buscou associar o conhecimento específico da geografia à percepção espacial presente em histórias de grandes obras da literatura brasileira. O trabalho objetivou identificar os recortes regionais por meio das representações presentes nas obras escolhidas; para tanto, foram confeccionados vários mapas que ilustram isso. Nessa obra, são contempladas as regiões da Campanha Gaúcha, Colônias, Vale do Itajaí e Norte do Paraná. Configura-se como um material bastante rico para o encaminhamento metodológico de atividades que estabelecem a relação entre literatura e geografia na educação básica.

IBGE – Instituto Brasileiro de Geografia e Estatística. **Atlas das representações literárias das regiões brasileiras**: sertões brasileiros 1. Rio de Janeiro: IBGE, 2009. v. 2.

O segundo volume do projeto apresenta territórios que, no decorrer de seu processo de formação, foram, em algum momento, denominados sertão. *Nesse volume, são tratadas as seguintes regiões: (1) os Sertões do Leste do século XVIII, que englobam as regiões do Vale do Paraíba, da Zona da Mata mineira e do Vale do Rio Doce; (2) os Sertões do Ouro do fim do século XVII e os Sertões dos Currais do século XVIII, que abrangem a região das Minas, dos Currais da Bahia e do Curral d'El Rei e entorno; (3) o Sertão de Cima do século XVIII, definido como a região da Chapada Diamantina; (4) os Sertões Nordestinos do século XX, que englobam as regiões do Cariri Paraibano, do Vale do Pajeú e do Cariri Cearense. Do mesmo modo, todas as regiões representadas na literatura foram cartografadas, configurando-se um material interessante para ser utilizado em sala em atividades que versem sobre a relação entre literatura e geografia.*

TV ESCOLA; BRASIL; MEC – Ministério da Educação. Disponível em: <http://tvescola.mec.gov.br/tve/home>. Acesso em: 2 mar. 2016.

A TV Escola é uma plataforma de comunicação disponível em canais de televisão (satélite aberto e operadoras de TV por assinatura) e internet, vinculada ao Ministério da Educação (MEC). É um importante recurso de apoio ao trabalho docente, pois conta com vídeos que abrangem os mais diversos temas de todas as disciplinas escolares que podem ser utilizados tanto para elaboração de aulas quanto para ser reproduzidos em sala de aula.

Atividades de autoavaliação

1. A respeito da utilização dos distintos tipos de recursos didáticos na educação básica, identifique as afirmativas a seguir como verdadeiras (V) ou falsas (F):

( ) Sob a denominação de *recursos didáticos* inscrevem-se vários tipos de materiais e linguagens: mapas, músicas, filmes, jornais, revistas, charges, fotografias aéreas, fotografias, poemas, literatura etc.

( ) Os livros didáticos não podem ser considerados como recursos didáticos, pois são material de uso permanente de professores e alunos.

( ) Os recursos didáticos devem ser considerados unicamente como um material de apoio e exemplificação de conteúdos que auxilia o professor em seu cotidiano.

( ) O professor, ao escolher um recurso didático, deve considerar sua adequação aos objetivos propostos para a aula, aos conteúdos que serão trabalhados, ao trabalho desenvolvido e ao perfil da turma.

( ) Como o uso dos recursos didáticos se configura como uma atividade complementar aos conteúdos presentes no livro didático, não requer planejamento.

Agora, assinale a alternativa que corresponde à sequência correta:
a) V, V, V, F, F.
b) F, F, V, V, V.
c) V, F, F, V, F.
d) F, V, V, F, V.

2. (Adaptado de Enade, 2011) Considerando o potencial dos filmes cinematográficos no ensino de geografia, identifique as afirmativas a seguir como verdadeiras (V) ou falsas (F):

( ) No universo fictício do cinema, reproduzem-se imagens e sons com forte impressão da realidade, no plano do verossímil, o que oferece subsídios ao conhecimento geográfico.

( ) Do ponto de vista geográfico, a arte cinematográfica é válida pela autenticidade, tanto no quadro físico quanto no humano, das paisagens apresentadas na dramaticidade.

( ) A produção cinematográfica reflete a concepção de mundo do seu realizador, por isso, para estar a serviço da investigação e da crítica, deve ser interpretada para além da sua aparência imediata.

( ) O filme, como um recurso didático, pode ser utilizado simplesmente como ilustração ou constatação do que foi falado em sala de aula ou que está presente no livro didático.

( ) O papel do filme no ambiente escolar é o de provocar uma situação de aprendizagem para alunos e professores, estando a serviço da investigação e da crítica a respeito da sociedade em que vivemos.

Agora, assinale a alternativa que corresponde à sequência correta:
a) F, F, V, V, V.
b) V, V, F, F, V.
c) F, V, V, V, F.
d) V, F, V, F, V.

3. A utilização da música como um recurso didático nas escolas vem se ampliando nos últimos anos. Esse crescimento decorre das potencialidades de sua utilização e pela possibilidade de trabalho em distintas disciplinas e em projetos de multidisciplinaridade. Tendo como base esse recurso didático no ensino de geografia, identifique as afirmativas a seguir como verdadeiras (V) ou falsas (F):

( ) A vantagem do uso da música no ensino é a de que, em virtude de sua ludicidade, não há necessidade de os professores preocuparem-se com os encaminhamentos metodológicos no momento de sua utilização.

( ) A Geografia escolar apresenta uma vantagem ao utilizar a música como recurso didático, pois muitos temas de canções são também assuntos dessa disciplina.

( ) A música se configura como um recurso didático lúdico, razão por que pode tanto potencializar a formação de conceitos e representações quanto estimular a relação mais próxima entre professores e alunos.

( ) Como a música caracteriza-se como um recurso didático lúdico, sua utilização em sala de aula não pode ocorrer vinculada a outros tipos de linguagem.

( ) A música, com sua melodia e letra, pode ser usada na problematização de questões cotidianas e na formação do cidadão, afinal, há uma amplitude de abordagens que podem ser identificadas nos diversos gêneros musicais.

Agora, assinale a alternativa que corresponde à sequência correta:

a) V, F, V, F, F.
b) F, V, V, F, V.
c) V, V, F, V, F.
d) F, V, F, F, V.

4. O uso de jornais impressos em sala de aula é um importante recurso didático no ensino de geografia. A respeito do assunto, assinale a alternativa correta:

a) É uma possibilidade de a geografia provocar um diálogo produtivo entre diversos assuntos, usando diferentes escalas de análise.

b) Caracteriza-se por ser um material importante para entender a realidade, afinal, o jornal é isento de posições ideológicas, como as existentes nos livros didáticos.

c) Os textos dos jornais impressos podem substituir a linguagem científica, na medida em que mantêm uma forte vinculação com a realidade e o cotidiano dos alunos.

d) A utilização de jornais para atividades de pesquisa não é recomendada haja vista a imprecisão de algumas informações fornecidas.

5. Nos últimos anos, as discussões sobre a relação entre literatura e geografia na educação básica aumentaram. Com base nesse tema, assinale a alternativa correta:

a) A utilização da literatura no ensino de geografia é complexa, pois apresenta histórias que envolvem apenas aspectos do fantástico e do irreal.

b) Os projetos interdisciplinares são uma boa opção para trabalhar conjuntamente literatura e geografia, afinal, as duas áreas apresentam características similares.

c) O texto literário pode favorecer o desenvolvimento da habilidade em se estabelecer relações do homem com a paisagem, a localização espacial e o ambiente.

d) A literatura deve ser utilizada como recurso didático no ensino de geografia somente no ensino médio, pois há uma maturidade maior para o entendimento dos textos.

Atividades de aprendizagem

Questões para reflexão

1. Escolha um conteúdo de geografia da educação básica e, com base nele, pense em uma proposta de atividade que utilize pelo menos um dos recursos didáticos discutidos neste capítulo. Anote os objetivos da proposta, os principais procedimentos metodológicos, o tempo estimado para a realização

da atividade e os mecanismos de avaliação do processo de ensino-aprendizagem. Apresente essa proposta para seu grupo de estudos e, após as considerações, reflita sobre os aspectos que poderiam ser alterados ou melhorados a fim de que a atividade contribua para a formação dos alunos.

2. Um dos aspectos inerentes a qualquer atividade docente é a avaliação do processo de ensino-aprendizagem, a qual deve ser contínua. No entanto, muitas vezes, esse elemento é tido somente como instrumento de mensuração de conhecimento sobre determinado conteúdo, realizada por meio de provas ou testes. Reflita sobre os mecanismos de avaliação que poderiam ser utilizados para se constatar se os objetivos estipulados para uma atividade envolvendo a reprodução de um filme foram atingidos. Pense em mecanismos que não envolvam provas ou testes. Anote as opções e justifique-as.

Atividade aplicada: prática

Faça um levantamento de filmes e músicas que podem ser utilizados no ensino de Geografia, organizando-os por séries e temas. Para que o levantamento seja amplo, consulte os artigos indicados neste capítulo e entreviste professores da educação básica que utilizam esses recursos didáticos.

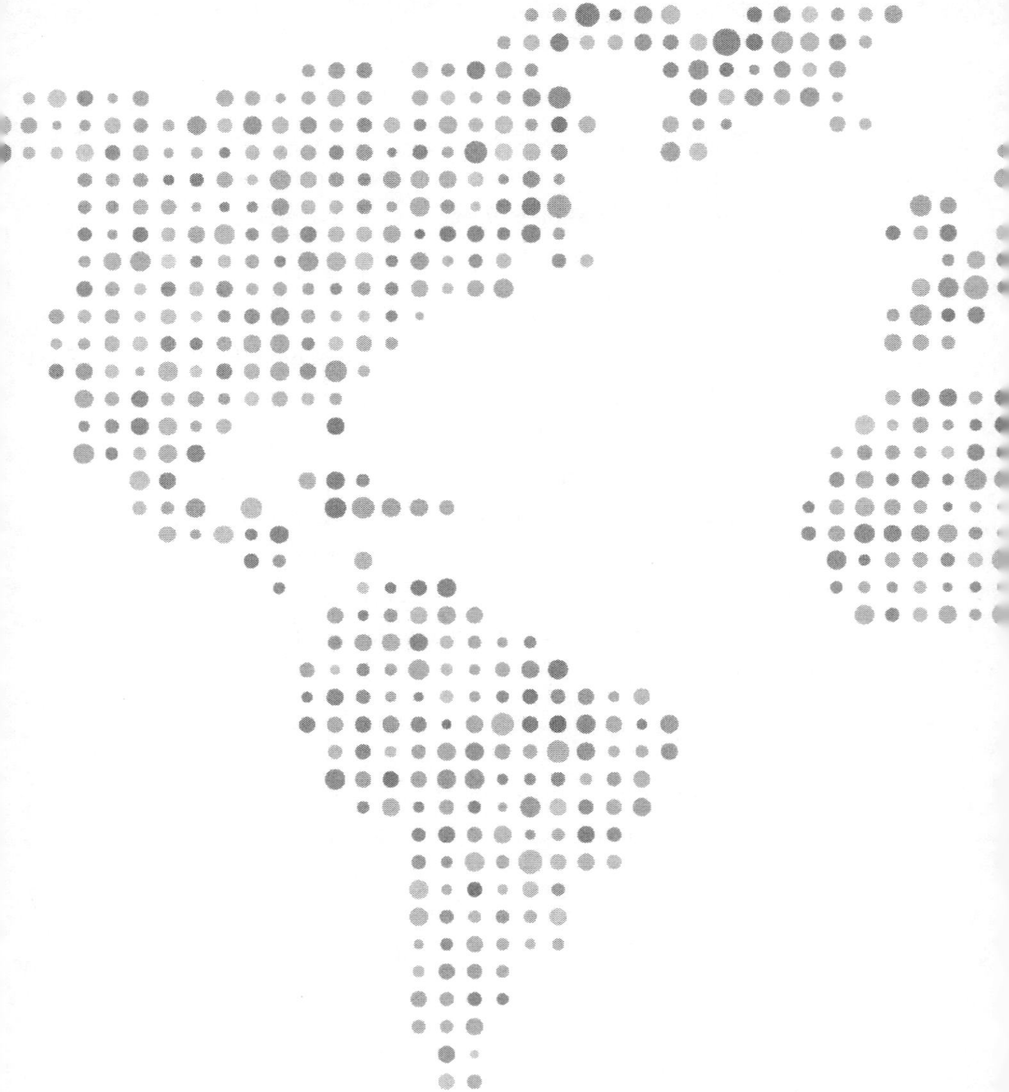

4

Alternativas metodológicas para o ensino de geografia: quadrinhos, imagens e aulas de campo

Neste capítulo, continuaremos a exposição sobre as alternativas metodológicas que podem ser empregadas no ensino de geografia na educação básica. Vamos analisar três grupos de propostas: a primeira envolve o uso de charges, tirinhas, cartuns e histórias em quadrinhos; a segunda diz respeito às imagens, como fotografias, fotografias aéreas, imagens de satélite etc.; a terceira se refere ao estudo do meio e às aulas de campo. Nosso objetivo principal neste capítulo é demonstrar que há inúmeras possibilidades de recursos didáticos e encaminhamentos metodológicos possíveis para serem utilizadas nas mais diversas séries da educação básica no ensino de geografia.

4.1 Muitas alternativas metodológicas no ensino de geografia

No decorrer deste livro, temos defendido a ideia de que devemos levar os alunos a desenvolver os raciocínios espacial e escalar – objetivo maior da Geografia escolar – e a obter as habilidades inerentes à formação propiciada por essa disciplina. Para tanto, temos realizado algumas reflexões a respeito e indicado algumas possibilidades de alternativas metodológicas que buscam romper com um ensino ainda ligado à memorização de informações e desvinculado da realidade. Essa última característica é a mais prejudicial aos alunos, pois, em decorrência disso, eles são alijados de poder compreender o espaço geográfico e a realidade em que estão inseridos. Sem compreensão, não há transformação.

Por essa razão, no capítulo anterior, trouxemos algumas sugestões de recursos didáticos que podem ser utilizados como alternativas metodológicas no ensino de geografia, na tentativa de romper com as aulas pautadas unicamente no livro didático. Discorremos sobre filmes cinematográficos, músicas, jornais impressos e literatura como alternativas de aproximação dos conteúdos de geografia com o cotidiano dos alunos.

Neste capítulo, daremos continuidade a essa tarefa ao apresentar algumas reflexões sobre o uso de alguns recursos, quais sejam: (1) tirinhas, charges, cartuns e histórias em quadrinhos; (2) imagens de um modo geral, abrangendo fotografias, fotografias aéreas, imagens de satélite, entre outras; (3) estudos do meio e aulas de campo. Salientamos apenas que a separação sugerida em três grupos refere-se mais a uma necessidade de organização didática do texto que a uma divisão entre os recursos indicados.

É importante destacar ainda que, embora tenhamos tentado abranger um número representativo de recursos, estes não se esgotam na relação que por ora apresentamos. Além dos discutidos no capítulo anterior e os que apresentaremos neste capítulo, há vários materiais que poderíamos explicitar, pois são do mesmo modo importantes no ensino de geografia, como revistas (semanais e mensais), pinturas (obras de arte), internet, jogos (de dramatização, de tabuleiros, de competição, de *video game*), amostras de rochas, relógios solares, entre outros. O que queremos ao trazer esses exemplos é demonstrar que existem possibilidades de fazer um trabalho que tenha importância para a formação dos alunos. Obviamente, algumas situações de infraestrutura mais precária podem reduzir as possibilidades de trabalho, mas temos de ter consciência que não as anulam.

4.2 Charges, cartuns, histórias em quadrinhos e tirinhas

Em nosso cotidiano, frequentemente nos deparamos com tirinhas, charges, cartuns e histórias em quadrinhos em vários tipos de materiais, como jornais, revistas, livros e internet, apenas para citar alguns, retratando algum comportamento, situação ou acontecimento da sociedade.

Figura 4.1 – Geografia em tirinhas

© Sucesores de Joaquín S. Lavado Tejón (QUINO), TODA MAFALDA/Fotoarena

Geralmente, esse tipo de material chama a atenção, de modo que, mesmo sem estar com muito tempo ou até sem interesse no tema apresentado, acabamos lendo, analisando e interpretando a mensagem expressa. Possivelmente, ao chegar nesta página do livro, você voltou sua atenção primeiramente para a tirinha da Mafalda e somente depois iniciou a leitura do texto, não é mesmo?

E é esse aspecto de aguçar a curiosidade para analisar a mensagem que os autores desses materiais querem passar. Por esse motivo, as tirinhas, as charges, os cartuns e as histórias em quadrinhos se configuram como recursos didáticos relevantes para o ensino de geografia em todas as séries da educação básica. A facilidade com que esses recursos didáticos chamam a atenção pode ser aproveitada, transformando-os em instrumentos mediadores dos conteúdos da disciplina com o cotidiano e a realidade dos alunos. Além disso, é importante destacar a facilidade com que esses materiais são obtidos, podendo ser encontrados em jornais, revistas, gibis e internet, esta última uma das fontes de busca de maior representatividade.

Antes de falar sobre as possibilidades de encaminhamentos metodológicos com base nesses recursos didáticos, consideramos importante explicitar as diferenças existentes e as características que definem as tirinhas, as charges, os cartuns e as histórias em quadrinhos, afinal, cada um deles tem suas especificidades.

De acordo com Brambila, Oliveira e Franco (2014), a **charge** é, entre esses materiais, o mais facilmente identificável, em razão de sua popularização, pois jornais do mundo inteiro a publicam. Ela tem como função criticar personagens – geralmente por meio de caricaturas –, fatos ou acontecimentos políticos, culturais ou sociais específicos que estão presentes na mídia, razão por que tem uma limitação temporal, já que é datada e localizada geograficamente.

Brambila, Oliveira e Franco (2014) salientam que, além das características inerentes a esse gênero, como transmitir humor, utilizar metáforas e ser icônica e visual, a interpretação da charge exige dos leitores referências sócio-históricas para a constituição do sentido. Podemos acrescentar também a necessidade de referências espaciais para a compreensão mais ampla. Outro elemento importante da charge é que ela expressa a opinião e o posicionamento do veículo no qual é publicada, geralmente em uma parte privilegiada do jornal, assumindo uma função política. Portanto, é necessária a instrumentalização dos alunos para que se posicionem de forma crítica diante desse gênero.

O **cartum** também busca fazer críticas a questões sociais, culturais, ambientais e políticas de determinada sociedade, muitas vezes utilizando o humor como recurso. Do mesmo modo que a charge, sua interpretação também requer referências externas, além das imagens e dos textos presentes na ilustração. No entanto, diferentemente da charge, o cartum não utiliza caricaturas de personagens conhecidos, pois as ilustrações geralmente são criações do autor. Justamente por não representar personagens que estão em destaque na mídia em dado momento e por apresentar questões mais amplas, os cartuns são considerados por alguns autores como atemporais e universais (Silva, 2007).

As **tirinhas e as histórias em quadrinhos** são gêneros abrangidos pelo que, genericamente, denominam-se *quadrinhos*. Silva (2007) indica que, de modo geral, os quadrinhos são mais versáteis que os dois gêneros anteriores (charge e cartum), pois sua perspectiva é mais ampla, na medida em que podem ser críticos, infantis, adultos ou outros. Caracterizam-se por uma narrativa que ocorre sequencialmente em quadros apresentados horizontalmente, marcada pelo discurso direto, em que legendas e balões são utilizados, respectivamente, para situar o leitor e expressar os diálogos e os pensamentos dos personagens. Frequentemente, os quadrinhos trazem situações e histórias de certos personagens, os quais, pela recorrência das publicações, passam a ser conhecidos mais amplamente. No Brasil, é o caso, por exemplo, das histórias da *Turma da Mônica*, de autoria de Maurício de Souza.

O que diferencia basicamente as tirinhas (ou tiras) das histórias em quadrinhos é a quantidade de quadros utilizada na narrativa. Enquanto as tirinhas geralmente têm até quatro quadros no máximo, as histórias em quadrinhos podem ter algumas páginas.

Em relação à exposição ao público, as tirinhas são bastante divulgadas em jornais, sendo publicadas com regularidade. Por sua vez, as histórias em quadrinhos, muitas vezes, têm seu próprio veículo de divulgação, como as revistas específicas ou os gibis. Quanto ao conteúdo, como já citado anteriormente, versam sobre diversos assuntos, mas há várias situações em que tirinhas de certos personagens apresentam críticas ou questionamentos em relação à sociedade ou à vida de um modo geral. Como exemplo, podemos citar *Mafalda*, personagem criada por Joaquín Salvador Lavado Tejón, mais conhecido como Quino, *Calvin e Haroldo*, de Bill Watterson, e, mais recentemente, no Brasil, o personagem *Armandinho*, criado por Alexandre Beck, apenas para citar alguns.

Pelo exposto nos parágrafos anteriores e dadas as características de cada um dos gêneros indicados, podemos constatar que há várias vantagens ao utilizar esses materiais como recursos didáticos, haja vista a mediação que proporcionam na relação entre o cotidiano dos alunos e os conteúdos da Geografia escolar.

Segundo afirmam Brambila, Oliveira e Franco (2014), tanto a charge quanto o cartum contribuem para a ampliação de visão do aluno sobre o mundo, pois, com base nos referenciais construídos durante sua vida escolar, ele passa a relacionar seu cotidiano com os acontecimentos da região, do país e do mundo, partindo de uma visão fragmentada para uma mais ampla. Esses dois gêneros contribuem também para o desenvolvimento do senso crítico, afinal, como vimos, seu conteúdo é marcado pela crítica a vários aspectos da vida em sociedade. Concernente às tirinhas e às histórias em quadrinhos, tanto a quantidade representativa de produções quanto a diversidade de temas abrangidos nas publicações favorecem seu uso no ensino de geografia em todas as séries da educação básica[i].

---

i. Ressaltamos que os professores podem aproveitar o sucesso dos quadrinhos japoneses (mangás) entre os adolescentes e explorar didaticamente esse material, além dos demais quadrinhos e tirinhas já bastante difundidos.

> Além de todos esses aspectos, ressaltamos mais uma vez que o grande diferencial de charges, cartuns, tirinhas e histórias em quadrinhos como recursos no ensino de geografia se deve em razão do apelo visual, o qual aguça a curiosidade daqueles que se deparam com essas publicações. Assim, conforme indica Silva (2007), adotar esses recursos pode favorecer uma leitura agradável e, ao mesmo tempo, instigadora para que os alunos consigam decodificar e interpretar tanto o espaço vivido quanto escalas mais amplas, afinal, esses materiais retratam várias situações que podem ser analisadas em diversas escalas, do local ao global.

Castellar e Vilhena (2011) também apresentam considerações pertinentes sobre o uso desses recursos. Embora as autoras se detenham sobre a utilização das histórias em quadrinhos em sala de aula, as observações são válidas para os demais gêneros aqui tratados. Elas demonstram que a linguagem presente nos quadrinhos auxilia na construção dos conceitos geográficos e da referência espacial. Os lugares em que ocorrem as histórias podem ser explorados do ponto de vista da organização e representação espacial, dos elementos presentes (naturais e construídos), da localização, da relação do ser humano com o meio etc. As autoras salientam que esse tipo de abordagem favorece, inclusive, o tratamento e a análise integrada dos aspectos físicos e humanos, tratados não raras vezes isoladamente em sala de aula.

Da perspectiva dos encaminhamentos metodológicos, charges, cartuns, tirinhas ou histórias em quadrinhos podem ser inseridos e utilizados em sala de aula de inúmeras maneiras. Silva (2007) ressalta que esses recursos podem ser adotados para iniciar ou introduzir um tema, aprofundar determinados conceitos, concluir uma etapa de estudo e confrontar ideias e posicionamentos, além de poderem integrar e complementar outras atividades e auxiliar no trabalho realizado com o livro didático.

Por sua vez, Castellar e Vilhena (2011) apresentam outra proposta, sugerindo que esses recursos didáticos podem servir como instrumentos de problematização para pesquisas ou debates. Consideramos que, nessa perspectiva, as charges e os cartuns são um excelente material para proporcionar debates, haja vista seu conteúdo eminentemente crítico.

Outro encaminhamento metodológico relacionado ao uso desses recursos se refere à sua produção pelos próprios alunos. Muitos professores trabalham não apenas com a possibilidade de interpretação desses materiais, mas também na concepção de que sua produção pelos alunos também é um instrumento relevante de apreensão e entendimento dos temas ligados à Geografia escolar. Nesse contexto, todos os conceitos e temas dessa disciplina podem ser facilmente trabalhados. Vale destacar que essa metodologia geralmente obtém resultados positivos, pois, como envolve o desenho, o lúdico e a expressão artística, cativa os alunos, que se dedicam de modo mais intenso na realização da atividade.

No que se refere à elaboração de tirinhas ou histórias em quadrinhos, é interessante que o professor trate de questões referentes à estrutura desses gêneros antes de sua elaboração, como organização de roteiro e da sequência da narrativa, uso de balões para diálogos ou pensamentos, expressão dos rostos, enquadramento e destaque de determinados elementos etc. (Castellar; Vilhena, 2011).

Por fim, salientamos que, da mesma maneira que qualquer outro recurso didático, devemos estar atentos a alguns pontos antes de utilizar charges, cartuns, tirinhas ou histórias em quadrinhos em sala de aula. Ao selecionar o material, devemos considerar se ele é adequado ao tema e aos objetivos estipulados, se os diálogos e as informações são compatíveis com a faixa etária dos alunos, quais serão os encaminhamentos metodológicos e quais os mecanismos de avaliação do processo de ensino-aprendizagem.

Do mesmo modo, ressaltamos que esse tipo de material, quando adotado em sala de aula, deve ter o propósito de ampliar o conhecimento e favorecer a aplicação dos conceitos e temas geográficos no cotidiano dos alunos. Portanto, não deve ser concebido como mera curiosidade ou simples ilustração de algum tema, pois, como você sabe, toda a prática docente deve ter uma intencionalidade bem definida.

4.3 Imagens

É crescente a quantidade de imagens presentes em nosso cotidiano. Livros, jornais e revistas cada vez mais ilustrados, propagandas de forte apelo visual em todos os lugares possíveis, fotografias pessoais que registram vários momentos do dia a dia, apenas para citar alguns exemplos. A imagem passa a ter cada vez mais importância para a veiculação de ideias, valores, comportamentos e representações de mundo. Diante desse contexto, em que a imagem assume preponderância, é necessário que a transformemos em um recurso didático a ser utilizado no ensino da Geografia escolar.

Na geografia, as imagens podem ser um importante instrumento para a leitura, análise e compreensão do mundo, na medida em que revelam aspectos pertinentes do espaço geográfico e da espacialidade dos fenômenos analisados. O entendimento de que as imagens são relevantes para a compreensão do espaço geográfico tem levado à inserção crescente desse recurso em diversos âmbitos do ensino, como nos livros didáticos, nas salas de aula, em forma de atividades, no momento das explicações e em vestibulares.

Diante da potencialidade de utilização desse recurso didático e dos inúmeros materiais classificados como imagens, abordaremos os mais representativos para o ensino de geografia, quais sejam: as fotografias, especialmente as que permitem identificar e analisar elementos da paisagem, seja contemporânea, seja passada; as fotografias aéreas, tanto as mais recentes quanto as mais antigas; as imagens de satélite, destacando-se as de escala de maior detalhe e que podem ser obtidas na internet. As possibilidades de uso de imagens não se esgotam nos exemplos indicados, podendo os professores adotarem outras modalidades que sejam adequadas ao trabalho desenvolvido com os alunos em sala de aula.

A **fotografia** se configura como um importante recurso didático. Ao justificar essa afirmação, Mussoi (2008) indica que, pelo fato de a linguagem visual despertar nos alunos a vontade de aprender (afinal, a fotografia tem se popularizado cada vez mais, principalmente no formato digital), ela pode ser um instrumento que contribui tanto para a formação dos conceitos geográficos quanto para o entendimento das relações socioespaciais em todas as séries da educação básica.

Nesse sentido, quando consideramos a relevância das fotografias para a formação dos conceitos geográficos, podemos afirmar que esse recurso permite inicialmente a compreensão do conceito de **paisagem**, a qual, segundo Santos (2008), pode ser entendida não só pelo domínio do visível, mas também por cores, sons e odores. Como a paisagem é formada tanto por elementos visíveis quanto invisíveis, a utilização das fotografias em sala de aula deve ser organizada de modo que as atividades realizadas superem a mera observação das imagens. Não faz sentido adotar esse recurso apenas para ilustrar textos escritos, como ocorre frequentemente nos livros didáticos, por exemplo. Seu uso deve estimular os alunos a descobrirem os significados dos elementos existentes na imagem, possíveis de ser revelados por meio da leitura (Mussoi, 2008).

Essas considerações são importantes, pois a mera observação de uma paisagem leva inicialmente apenas à percepção de sua aparência. Por exemplo, ao utilizar em sala de aula a fotografia de uma favela, constataremos que a paisagem ilustrada é composta por casas simples, precárias e adensadas, com espaços estreitos e irregulares de acesso às moradias. Estaremos, assim, apenas constatando o que a imagem nos mostra.

Além disso, Santos (2008) demonstra que a percepção é também um processo seletivo de apreensão e, por isso, cada pessoa realizará diferentemente essa apreensão, de acordo com seus referenciais. Para alguns, a paisagem da favela, por exemplo, poderá trazer certo desconforto; para outros, pode ser algo comum. Dessa forma, temos de ultrapassar a percepção pela aparência, que por si só não é conhecimento. Como afirma o autor, o conhecimento de uma paisagem depende de sua interpretação e, para tanto, devemos ultrapassar o visível das formas para se chegar ao seu significado. Assim, os alunos devem ser instrumentalizados de modo a ler uma paisagem, e isso pressupõe observar, analisar e interpretar, atribuindo significados aos diversos elementos que a compõem (Mussoi, 2008). Nesse exemplo, trata-se de os alunos compreenderem as razões pelas quais as moradias são precárias, o motivo de as pessoas viverem ali, as implicações da precariedade no cotidiano dos que habitam as favelas etc.

Muitos estudiosos sobre o tema propõem alguns encaminhamentos metodológicos a fim de avançar na interpretação das imagens e, por consequência, no desenvolvimento dos conceitos geográficos. Castellar e Vilhena (2011) e Mussoi (2008), por exemplo, afirmam que o uso da imagem deve ser o ponto de partida para a análise de um fenômeno que se queira estudar, utilizando inicialmente a **observação**. Nessa etapa, os alunos são mobilizados para reconhecer os elementos presentes na imagem e que compõem a paisagem representada. Pode ser realizada **espontaneamente**, em que os alunos vão constatando e identificando os elementos sem interferência, ou **dirigida**, em que o professor indica que questões deverão ser observadas.

Mussoi (2008) aponta alguns questionamentos que podem ser utilizados nas atividades em que a observação da imagem é dirigida pelo docente: O que a fotografia está mostrando? Que lugar está sendo representado? De que época é a paisagem retratada? Que elementos constituem a paisagem? Que elementos são naturais e quais foram construídos pelo ser humano? Entre os elementos, quais mais se destacam? A observação dirigida poderá ser temática, em que as questões versam sobre temas específicos, ou geral, quando a observação deverá considerar todo o conjunto.

Na sequência à observação, devemos procurar dar sentido aos elementos presentes na paisagem representada em uma fotografia[ii]. Nesse caso, conforme afirma Mussoi (2008), a **análise** é o momento em que procuramos fazer relações dos elementos identificados na paisagem entre si ou no seu conjunto.

Por exemplo, em uma fotografia que retrata uma serra, podemos constatar a relação das formas de relevo com a estrutura geológica ou, ainda, com o clima da área ilustrada ou com a hidrografia. No entanto, nesse momento, o professor necessita problematizar o tema, de modo que os encaminhamentos metodológicos estimulem os alunos a fazer suas próprias relações e utilizem o conhecimento adquirido anteriormente. Nessa etapa, a análise deve auxiliar a compreensão dos alunos de que os elementos

---

ii. Embora tratamos aqui da análise da paisagem de fotografias, os encaminhamentos metodológicos poderão ser os mesmos para as atividades realizadas em aulas de campo.

existentes em uma paisagem não se explicam por si só; que há a necessidade de relacioná-los com outros elementos e, para isso, os conhecimentos de geografia são relevantes.

Por fim, após as etapas citadas, encontra-se a **interpretação**, que é o último passo e o mais importante na leitura da paisagem. De acordo com Mussoi (2008), nessa etapa, procura-se encontrar explicações para os vários elementos presentes na fotografia, possibilitando aos alunos tanto questionar as possíveis relações entre os elementos quanto refletir sobre as razões do arranjo espacial existente. O autor salienta que essa etapa, quando realizada em uma perspectiva problematizadora, pode, inclusive, conduzir o aluno a reconhecer os elementos não visíveis, que inicialmente não foram objeto de observação, como os aspectos sociais, políticos, culturais, econômicos etc.

No exemplo citado anteriormente, da favela, além dos elementos visíveis e facilmente identificados, podemos avançar para as considerações sobre as condições de vida da população, questões relativas à segurança, ao acesso ao emprego e aos serviços mais básicos etc., bem como para as razões que forçam parte da população a viver na precariedade. Nesse sentido, é fundamental uma questão indicada pelas Diretrizes Curriculares da Educação Básica (Paraná, 2008, p. 82) a ser utilizada na interpretação de uma fotografia: "Por que esse lugar é assim?".

Com base nisso, conforme Castellar e Vilhena (2011), os alunos podem ser estimulados a levantar hipóteses sobre o tema abordado. Contudo, concordamos com Mussoi (2008) quando o autor afirma que é essencial o papel do professor nesse momento, pois, além de orientar os alunos na formulação de hipóteses sobre as prováveis explicações para os elementos presentes na fotografia, ele pode ajudá-los a buscar a comprovação dessas hipóteses, instigando-os a resgatar os conhecimentos já adquiridos e a fazer pesquisas complementares.

Outro ponto que devemos levar em consideração na interpretação de uma fotografia é o fato de que ela não representa a verdade absoluta, sendo resultado do ponto de vista do fotógrafo. Assim, devemos alertar os alunos para o fato de que a fotografia representa posicionamentos diferentes sobre determinado tema. Nesse caso, por exemplo, fotografias sobre o Movimento do Trabalhadores Sem Terra (MST) tiradas por fotógrafos com posicionamentos favoráveis ou contrários ao movimento nos trarão imagens diferentes, cada uma com mensagem e significado distintos. Para complementar, é fundamental que a fotografia seja contextualizada não apenas sob a perspectiva de quem a produziu, mas também em que contexto, com qual objetivo, em que época etc.

Tendo esses pressupostos e encaminhamentos, consideramos que a utilização das fotografias pode ainda suscitar o desenvolvimento dos demais conceitos geográficos, como espaço geográfico, lugar, território e região. Segundo as Diretrizes Curriculares da Educação Básica (Paraná, 2008), a partir do momento em que os alunos compreendem a historicidade e as ações que constituem uma paisagem para além dos aspectos visíveis, encaminham-se para a compreensão do conceito de espaço geográfico, o qual, de acordo com Santos (2008), configura-se pelo conjunto de objetos e relações, sendo resultado da ação dos seres humanos sobre o próprio espaço, intermediados pelos elementos naturais e artificiais.

Ainda nessa perspectiva, as Diretrizes Curriculares da Educação Básica (Paraná, 2008) apontam que, mediante o aprofundamento das pesquisas sobre as relações que o espaço retratado em uma fotografia estabelece com lugares diferentes e seu entorno, e dependendo do direcionamento dado à abordagem do conteúdo com o uso desse recurso didático, é possível também desenvolver os conceitos de região, território e lugar.

Outra possibilidade metodológica que favorece a compreensão das ações humanas sobre o espaço geográfico e a consequente transformação das paisagens refere-se à utilização de **fotografias antigas** em sala de aula. Para Mussoi (2008), as atividades que envolvem esse tipo de imagem favorecem não apenas a observação da dinâmica espacial no tempo, mas também fornecem pistas sobre alterações no modo de vida das pessoas, nas relações de trabalho, nas atividades econômicas, nos meios de transporte, na arquitetura das construções, entre outros.

Como encaminhamento metodológico, o professor pode trazer fotografias de vários momentos distintos de um mesmo lugar e propor uma análise comparativa. Ou, se o espaço for de fácil acesso, o professor pode propor uma atividade de análise de fotografias antigas que representam esse espaço e, posteriormente, promover uma atividade de campo em que os alunos avaliem as transformações ocorridas.

Como fonte de fotografias antigas, sugerimos a busca na internet ou, ainda, em alguns jornais que dedicam uma de suas seções a esse tipo de publicação. No entanto, ressaltamos que, no caso da utilização de fotografias ou de qualquer outro material que envolva autoria, devemos estar atentos ao preconizado na Lei n. 9.610, de 19 de fevereiro de 1998 (Brasil, 1998), que altera, atualiza e consolida a legislação sobre direitos autorais. No caso das fotografias, devemos indicar legivelmente o nome de seu autor.

Em relação às **fotografias aéreas**, vamos considerar aquelas denominadas *verticais*, ou seja, fotografias obtidas por meio de voos programados e que têm como objetivos o reconhecimento e o mapeamento de determinada área. Portanto, não abordaremos as fotografias aéreas oblíquas, embora tenhamos total consciência de que estas também podem ser utilizadas de modo bastante pertinente no ensino da Geografia escolar.

Antes de dar continuidade à discussão, ressaltamos que é necessário que o professor esteja familiarizado com a leitura e a interpretação das fotografias aéreas verticais, para que o trabalho desenvolvido com os alunos seja produtivo (Mussoi, 2008).

No que concerne às fotografias aéreas verticais, esse recurso didático permite tanto o conhecimento sobre o **espaço geográfico** quanto proporciona **noções cartográficas** de legenda, escala, visão bidimensional e formas (Castellar; Vilhena, 2011). Ao discutir a importância das fotografias aéreas verticais no ensino de geografia na educação básica, Cazetta (2003) demonstra que esse recurso é um importante instrumento para a obtenção de informações sobre a superfície terrestre, pois os alunos podem identificar os espaços ocupados por residências, as áreas verdes, as praças, a hidrografia, as vias de circulação, as grandes áreas de atividades econômicas etc.

Portanto, identificando esses e outros elementos, os alunos podem verificar que tipo de uso a sociedade faz de determinada porção do espaço, sendo possível discutir questões sobre os interesses por trás da organização espacial observada. Assim, por exemplo, em uma situação hipotética em que os alunos identifiquem em uma fotografia aérea a localização da moradia popular em áreas periféricas, há amplo material para debate e discussões profícuas sobre o espaço urbano da cidade retratada, podendo-se, inclusive, fazer relações com escalas mais amplas e generalizações sobre o tema.

No que diz respeito às noções cartográficas que o uso desse recurso didático proporciona, tanto Cazetta (2003) quanto Castellar e Vilhena (2011) indicam que a elaboração de **croquis** é um encaminhamento metodológico pertinente para tal intento. Dessa forma, após uma análise dos elementos presentes em uma fotografia aérea vertical, podemos solicitar aos alunos que sobreponham um papel transparente sobre a fotografia e desenhem os contornos dos elementos identificados, utilizando classes e cores diferenciadas.

É importante lembrar que, embora esse tipo de atividade pareça simples, exige dos alunos tanto um trabalho de decodificação de imagens quanto de desenvolvimento de noções cartográficas e de representação do espaço (Mussoi, 2008). Nesse sentido, desenhar croquis viabiliza que os alunos façam a relação dos elementos do espaço geográfico com a forma utilizada em sua representação, envolvendo o desenvolvimento do raciocínio espacial mais abstrato. Já o trabalho com fotografias aéreas de diferentes escalas, mas que retratem a mesma área, pode auxiliar os alunos no desenvolvimento da noção escalar, afinal, um mesmo elemento poderá ser analisado em diferentes tamanhos de representação.

Do mesmo modo que com as fotografias de paisagem, também podemos trabalhar com as fotografias aéreas verticais para analisar as transformações do espaço geográfico no decorrer do tempo. Esse tipo de encaminhamento metodológico é interessante, pois permite aos alunos observarem as mudanças no espaço geográfico por meio do trabalho de decodificação de imagens. Assim, poderão analisar se houve transformações no meio físico, crescimento e densificação do espaço urbano, por exemplo. Uma questão importante para a realização desse tipo de atividade é que as fotografias aéreas dos diferentes momentos sejam da mesma escala, de modo a manter a compatibilidade territorial da área analisada.

É possível também utilizar as imagens de satélite de grande escala no ensino da disciplina de Geografia. Por ora, vamos nos deter nas disponibilizadas pelo programa *Google Earth*. É importante destacar que a versão básica do programa tem várias ferramentas e pode ser instalada gratuitamente em qualquer computador. Embora muitas das atividades desenvolvidas com esse programa possam ser realizadas também com fotografias aéreas, acreditamos em sua relevância no ensino, pois permite mais versatilidade na análise espacial e maior contato dos alunos com ferramentas que podem ser apropriadas e utilizadas em seu cotidiano.

Dessa forma, por exemplo, além da possibilidade de os alunos localizarem diferentes elementos por meio da ferramenta de localização de endereços ou lugares, poderão analisar uma mesma área em escalas diferentes, afinal, por meio das ferramentas de *zoom* (aproximação ou distanciamento de um ponto), é possível dar maior ou menor detalhamento para a representação.

Outras ferramentas relevantes do *Google Earth* são as que permitem a visualização de determinadas construções em 3D, a medição de distâncias e a exploração de lugares, por meio do *Street View*. Essa última caracteriza-se como um instrumento interessante para se conhecer e explorar locais, pois o usuário consegue visualizar determinado lugar como se lá estivesse.

Assim, podemos analisar uma cidade criada no período medieval pelo seu desenho urbano, visualizando-a de cima para baixo, ou a arquitetura dessa cidade, visualizando como se estivéssemos de frente para as construções. Como podemos observar, é possível explorar didaticamente o programa de inúmeras maneiras, e os encaminhamentos metodológicos dependem dos objetivos estipulados e do conhecimento a ser tratado.

Para finalizar, queremos ressaltar que, como qualquer outro recurso didático, o uso das imagens de um modo geral (fotografias, fotografias aéreas verticais ou imagens de satélite) depende de planejamento e intencionalidade. Portanto, como advertem Castellar e Vilhena (2011), a escolha das imagens a serem trabalhadas é fundamental e deve ser coerente com os objetivos propostos pelo professor. Outro ponto fundamental é que as imagens podem ser utilizadas conjuntamente com os demais recursos didáticos, ampliando as possibilidades de uso, de análise do espaço geográfico e do desenvolvimento de conceitos inerentes à disciplina de Geografia escolar.

4.4 Estudos do meio e aulas de campo

Você deve se lembrar de que, no primeiro capítulo, apresentamos algumas concepções que os alunos, de modo geral, têm sobre a Geografia escolar. Observamos que, para muitos alunos, essa disciplina tem como finalidade auxiliar no conhecimento sobre novos lugares. Como já discutimos, essa não é a finalidade máxima da Geografia escolar, no entanto, é possível explorar essa representação e, com base nisso, desenvolver os objetivos e finalidades inerentes a essa disciplina.

Nesse sentido, podemos utilizar o conhecimento sobre novos lugares como instrumento para atingir os objetivos estipulados e o desenvolvimento de determinadas habilidades. Ressaltamos, contudo, que não se trata de conhecer os lugares somente por meio dos livros didáticos, mas *in loco*, por meio da vivência.

Muitos estudiosos têm se dedicado a discutir a relevância dos estudos do meio e das aulas de campo no ensino de Geografia. Embora algumas vezes a realização dessas atividades possa ser algo relativamente novo no ensino dessa disciplina, constatamos que há uma preocupação antiga a respeito do tema e, por isso, consideramos relevante apresentá-la, mesmo que brevemente.

Essa preocupação para o ensino relaciona-se diretamente com a forma pela qual a geografia, como ciência, organizou seus postulados teórico-metodológicos durante sua existência, frequentemente pautados na observação em campo. Vale lembrar, ainda, que, mesmo fora das universidades, havia a preocupação com esse tipo de atividade, podendo ser citadas, por exemplo, as viagens e explorações realizadas pelas sociedades geográficas europeias, criadas principalmente nos séculos XVIII e XIX.

No Brasil da década de 1940, Delgado de Carvalho (o qual, como vimos no segundo capítulo, era um estudioso muito ligado ao desenvolvimento da geografia como ciência e defendia a importância da vinculação da ciência com o ensino) já se preocupava com a necessidade de inserir na Geografia escolar atividades que, naquele momento, ele chamava de *excursões geográficas* (Carvalho, 1941). De acordo com o autor, o contato com a realidade proporcionaria o início de todo um processo de aprendizagem, e uma atividade de campo bem realizada equivaleria a muitas aulas em sala. O autor ainda vai além ao defender que, se pudessem ser realizadas atividades de campo antes e ao final de cada tema tratado, a disciplina de Geografia seria um sucesso.

Apesar de não ser possível a realização de aulas de campo com tanta frequência, defendemos que essa atividade seja efetuada com maior recorrência possível na educação básica, afinal, se ela é fundamental para a formação de licenciados e bacharéis em Geografia, também é para os alunos dos ensinos fundamental e médio.

Antes de falar sobre os encaminhamentos metodológicos de uma atividade de campo, é necessário conceituar o que entendemos por *estudo do meio* e *aula de campo* no presente texto, pois, embora os dois se relacionem, não podem ser considerados sinônimos.

Assim, de acordo com Pontuschka, Paganelli e Cacete (2007, p. 173), o **estudo do meio** "é uma metodologia de ensino interdisciplinar que pretende desvendar a complexidade de um espaço determinado [...], cuja totalidade dificilmente uma disciplina escolar isolada pode dar conta de compreender". Essa metodologia pressupõe que determinado lugar seja escolhido coletivamente pelos professores envolvidos e, com base nele, sejam desenvolvidas pesquisas pelos alunos, de modo que cada disciplina escolar contribua para um entendimento mais amplo e não tão compartimentado da realidade. Para tanto, as aulas de campo são fundamentais[iii].

Pelo exposto, fica evidente que o estudo do meio é uma importante ferramenta para o ensino de geografia, afinal conforme Malysz (2011), o meio é um rico laboratório geográfico que pode ser utilizado como um recurso didático significativo de aprendizagem, estando disponível para alunos e professores de todos os níveis de ensino. Dessa forma, devemos considerar que o meio abrange várias escalas e lugares, pois pode ser a sala de aula, o refeitório, o pátio e os corredores da escola, a rua do colégio, o bairro onde a escola se localiza, a cidade, o município, a praça, o parque, o fundo de vale etc.

Portanto, de acordo com Malysz (2011), podemos fazer estudos do meio de lugares mais distantes ou também explorar aqueles que se encontram próximos a nós e que, da mesma maneira,

---

iii. Devemos destacar que, pelo fato de as autoras serem da área de geografia, sua concepção de estudos do meio dá maior relevância ao papel do espaço geográfico como fator que congrega diferentes disciplinas no desenvolvimento dessa metodologia. Autores de outras áreas podem priorizar outros elementos. Nesse caso, por exemplo, Libâneo (2013) considera que os estudos do meio se caracterizam pela relação entre matéria de ensino e fatos sociais a ela conexos. Para o autor, nessa metodologia, o mais importante é a compreensão de problemas concretos do cotidiano do aluno, sendo as atividades de campo realizadas quando possível.

desde que devidamente trabalhados, podem auxiliar na construção de conceitos geográficos, habilidades e valores.

Dentro da proposta de estudo do meio, a **aula de campo** é uma das etapas mais importantes, pois, como salientam Pontuschka, Paganelli e Cacete (2007), a saída da escola já permite um novo modo de olhar. Assim, a aula de campo cumpre um papel essencial no estudo do meio, pois amplia as possibilidades de relação dos conhecimentos científicos com os do cotidiano, fornecendo as experiências concretas para a construção de ideias abstratas.

Malysz (2011) chama a atenção ainda para dois aspectos. O primeiro é o de que essa atividade propicia a abordagem de vários conteúdos de geografia, proporcionando a articulação entre teoria e prática. O segundo é o de que as aulas de campo, mesmo quando realizadas em lugares conhecidos pelos alunos, podem propiciar que novos elementos sejam descobertos no que lhes parecia já totalmente comum. Isso instiga a curiosidade e favorece a realização de uma **releitura de mundo**. Portanto, dada a relevância da aula de campo não apenas para os estudos do meio, mas para a disciplina de Geografia de um modo geral, vamos discutir essa atividade neste livro.

É importante destacar que a aula de campo não deve ser considerada um passeio ou uma atividade recreativa. Utilizada no ensino de Geografia, ou de qualquer outra disciplina, sua finalidade é essencialmente didático-pedagógica.

Assim, por exemplo, não será representativo para o processo de ensino-aprendizagem se os alunos forem levados para conhecer um parque, mas sem que o professor se preocupe em situá-los, em discutir o tema, em apresentar elementos que favoreçam a relação dos conteúdos da disciplina com o que se está observando ou se não solicita algum tipo de pesquisa que os ajude a fazer relações mais amplas. Por isso, a realização da aula de campo depende de definição de objetivos, de estar relacionada com as discussões efetuadas em sala de aula, de planejamento, de pesquisa, da avaliação do processo de ensino-aprendizagem, entre vários outros elementos inerentes à prática docente.

Em razão disso, vários estudiosos sobre o tema – como Carvalho (1941), Pontuschka, Paganelli e Cacete (2007) e Malysz (2011), apenas para citar alguns – propõem algumas etapas e cuidados a serem considerados quando optamos por organizar uma aula de campo. Apesar de algumas diferenças quanto à quantidade de etapas que cada um dos autores apresenta, consideramos que três são essenciais: a **preparação**, a **realização** e as **atividades após o campo**.

Portanto, ao realizar uma aula de campo, é necessária uma fase de **preparação preliminar**. Nesse contexto, primeiramente, o professor deve estipular quais serão os objetivos para essa atividade e quais objetivos espera que os alunos alcancem (Carvalho, 1941). Esse ponto é de extrema importância, pois é por meio dele que a avaliação do processo de ensino-aprendizagem deverá ser elaborada. Ora, como o professor poderá avaliar se os alunos fizeram observações na aula de campo, por exemplo, se isso não era um objetivo definido preliminarmente para a atividade e os alunos não foram orientados para tal? Nunca é demais repetir que os professores sempre devem estar atentos a isso em todas as atividades que desenvolvem.

Ainda na fase da preparação, é recomendável conhecer previamente o local a ser visitado, verificando todas as possibilidades de observação no roteiro (Malysz, 2011). Isso é importante por três motivos: o primeiro, para que haja **conhecimento** em relação a determinadas características do local, a fim de não gerar certo desconforto para o professor se questionado sobre essas características no momento da atividade; o segundo, para que possa levantar **informações adicionais** sobre certos elementos existentes no roteiro; o terceiro, para que faça **contato** com pessoas do local a ser visitado e que porventura possam conversar com os alunos ou lhes conceder entrevistas, dependendo da proposta para a atividade (Carvalho, 1941).

No entanto, lembre-se de que o planejamento do roteiro não impede que outros elementos, antes não previstos, possam ser explorados na aula de campo e que se configurem como representativos para a atividade. Embora o planejamento seja uma diretriz para nossas atividades docentes, ele deve adequar-se às situações inesperadas.

Outra atividade necessária na etapa de preparação da aula de campo diz respeito à organização das **questões operacionais**, como obtenção de autorização dos responsáveis pelos alunos, agendamento no caso de lugares fechados ou que necessitem de guias e viabilização de transporte (Carvalho, 1941; Malysz, 2011). Entendemos que essa última questão, a do transporte, talvez se configure como uma das mais problemáticas, em razão do envolvimento de recursos financeiros, muitas vezes indisponíveis ou inexistentes em várias escolas brasileiras.

A fase de preparação também prevê um trabalho preliminar com os alunos. Carvalho (1941) indica que é importante debater previamente os temas a serem observados durante a realização da atividade, de modo que os alunos conheçam que temáticas serão abordadas. Nessa perspectiva, o professor pode oferecer também aos alunos uma seleção bibliográfica a ser consultada antes da aula de campo, para que eles se familiarizem ainda mais com a proposta (Malysz, 2011).

Além da necessidade de os alunos conhecerem preliminarmente os temas abrangidos pela atividade de campo, Pontuschka, Paganelli e Cacete (2007) apresentam outras questões relevantes nesse momento preparatório. As autoras demonstram que os alunos devem ter muito claro o que será necessário observar e que atividades serão desempenhadas no decorrer da aula de campo. Por exemplo, que tipo de registros serão feitos: Desenhos, textos, fotografias? Haverá entrevistas? Se sim, que perguntas serão realizadas e para quais pessoas? Que elementos serão priorizados na observação e na análise? Haverá coleta de dados? Se sim, quais e com que métodos? Em relação a isso, Malysz (2011) sugere que todas as tarefas planejadas para a aula de campo possam ser divididas entre os alunos. Dessa forma, alguns se responsabilizarão pelo relato, outros pelos desenhos e pelas fotografias, alguns pelas entrevistas etc.

Após a fase de preparação, chega a etapa de **realização da aula** de campo. Nesse momento, oportuniza-se que os conhecimentos apreendidos no contexto da escola possam ser relacionados com a realidade e com o vivenciado, tornando os fenômenos mais vivos e significativos para os alunos. É o momento em que a teoria pode subsidiar a prática ou a prática apresenta elementos que permitem o entendimento da teoria. Consideramos também que esse momento pode ensejar uma compreensão menos fragmentada do espaço geográfico.

Nesse ponto, são relevantes os apontamentos de Carvalho (1941), que, apesar de terem sido elaborados há mais de 70 anos, continuam válidos e atuais. Para o autor, a aula de campo deve ser integradora, de modo a abranger conjuntamente o físico, o biológico, o social, o histórico, o cultural e o econômico. Essa necessidade de integração também é considerada por Malysz (2011), para quem a interdisciplinaridade permite uma abordagem mais totalizadora do espaço geográfico.

Além disso, compreendemos que a aula de campo pode ser um instrumento utilizado também para o desenvolvimento de algumas **habilidades**, como a de observação. Com o auxílio do professor, os alunos podem ser orientados a desenvolver essa habilidade, de modo a observar o que muitas vezes pode passar despercebido e que é importante para o entendimento da realidade e a compreensão das dinâmicas espaciais.

É importante que, durante toda a aula de campo, os alunos sejam incentivados a realizar **anotações**. Pontuschka, Paganelli e Cacete (2007) sugerem que seja confeccionado um caderno de campo, no qual os alunos poderão, no decorrer da atividade, fazer registros textuais, confeccionar desenhos e croquis, anotar os resultados das entrevistas, entre outros aspectos. A preocupação com as anotações é relevante, inclusive, para a etapa posterior à aula de campo, pois será o momento em que os alunos terão de retomar o que foi observado e constatado durante a realização da atividade.

Assim, na última fase, a do retorno à sala de aula, dá-se início a um **processo de sistematização** de todo o material obtido durante a aula de campo. Pontuschka, Paganelli e Cacete (2007) propõem que inicialmente seja efetuada uma discussão coletiva, de modo a observar as impressões dos alunos sobre a atividade realizada, os elementos mais significativos que observaram etc. Na sequência, é o momento de efetivamente organizar o material adquirido por todos, por meio da sistematização das informações e organização e tratamento de dados. Isso pode ocorrer em forma de elaboração de painéis, gráficos, croquis, textos, relatórios, maquetes etc. O trabalho final depende de cada professor, observados os objetivos estipulados, as características da turma e os materiais disponíveis.

É importante destacar, ainda, que é pertinente que os alunos saibam previamente que tipos de materiais serão elaborados na última etapa, assim, poderão direcionar suas observações ou coleta de dados durante a atividade de campo.

Embora já tenhamos citado que a **avaliação** deve ser referente aos objetivos estipulados para a aula de campo, entendemos que as considerações de Malysz (2011) são relevantes para ter uma visão mais clara a respeito dessa etapa tão importante do processo de ensino-aprendizagem, muitas vezes pautada unicamente em testes e mensuração. Nesse sentido, a autora indica que a avaliação deve ser contínua no decorrer de todo o processo, observando-se as atitudes, os interesses e a participação dos alunos nas etapas de preparação, durante o trabalho de campo, bem como o momento de sistematização das informações. Ressaltamos que os critérios devem ser claros e necessitam ser definidos previamente.

Pelo exposto, acreditamos que o conhecimento dos lugares, embora não seja a finalidade da Geografia escolar, pode se configurar como um importante instrumento para atingir os objetivos dessa disciplina e propiciar aos alunos o desenvolvimento do raciocínio espacial e das habilidades discutidas no primeiro capítulo. Portanto, como vimos, as aulas de campo, por instigarem a curiosidade e permitirem a integração dos conteúdos escolares com a realidade, podem servir nessa missão.

Síntese

Neste capítulo, demos continuidade à discussão sobre o uso de diferentes recursos didáticos no ensino da Geografia escolar. Para tanto, apresentamos três grupos de recursos: o primeiro, composto por charges, cartuns, tirinhas e histórias em quadrinhos, caracteriza-se pelo apelo visual, o qual aguça a curiosidade e o interesse dos alunos por temas ligados à geografia. O segundo grupo é composto pelas imagens, em que priorizamos a discussão das fotografias, das fotografias aéreas verticais e das imagens de satélite. Esses recursos didáticos possibilitam inúmeras alternativas de uso, desde atividades de análise da paisagem até aquelas que buscam averiguar as transformações espaciais no decorrer do tempo. Por fim, o terceiro grupo se refere ao estudo do meio e às aulas de campo, por intermédio dos quais é possível aproximar o conhecimento escolar da realidade, de modo que teoria e prática se relacionem e sejam significativas para o desenvolvimento do raciocínio espacial e das habilidades inerentes à disciplina de Geografia.

Indicações culturais

FILIZOLA, R.; KOZEL, S. **Teoria e prática do ensino de geografia**: memórias da Terra. São Paulo: FTD, 2010.

O livro destina-se principalmente aos professores de Geografia dos anos iniciais do ensino fundamental, no entanto, pode ser utilizado por todos aqueles que se interessam pela discussão sobre prática de ensino. Além de apresentar uma contextualização da evolução da geografia, traz várias indicações de diferentes linguagens que podem ser utilizadas no cotidiano escolar, envolvendo aspectos de cartografia, orientação, leitura de paisagens etc. Do mesmo modo, realiza uma discussão sobre a avaliação no âmbito da Geografia escolar.

AGB – Associação dos Geógrafos Brasileiros. **Boletim Paulista de Geografia**. São Paulo, n. 84, jul. 2006. Disponível em: <http://www.geografia.fflch.usp.br/graduacao/apoio/Apoio/Apoio_Tarik/2012/FLG0435/BPG_84.pdf>. Acesso em: 2 mar. 2016.

Essa edição do Boletim Paulista de Geografia *é dedicada à discussão da importância do trabalho de campo na formação dos alunos, apresentando a contribuição de vários geógrafos reconhecidos,* como Ângelo Serpa, Yves Lacoste e Bernard Kayser, entre outros. Embora os artigos se desenvolvam em torno do trabalho de campo para a formação dos geógrafos, portanto, no ensino superior, traz importantes referenciais para se pensar também essa prática na educação básica. A edição pode ser acessada na página de internet da Associação dos Geógrafos Brasileiros, seção de São Paulo.

Atividades de autoavaliação

1. Na disciplina de Geografia, as imagens podem ser um importante instrumento para a leitura, análise e compreensão do mundo. A respeito do uso de fotografias como recurso didático nessa disciplina, identifique as afirmativas a seguir como verdadeiras (V) ou falsas (F):

   ( ) As fotografias podem revelar aspectos pertinentes do espaço geográfico e da espacialidade dos fenômenos analisados.

   ( ) A utilização das fotografias no ensino de geografia tem como principal objetivo a ilustração de textos escritos, como os dos livros didáticos.

   ( ) No ensino de geografia, o uso das fotografias pode favorecer inicialmente a compreensão do conceito de região.

   ( ) O uso de fotografias de um mesmo local, mas de épocas diferentes, permite a análise das transformações espaciais.

   ( ) Os alunos devem ser instrumentalizados de modo a ler as paisagens retratadas nas fotografias, e isso pressupõe observar, analisar e interpretar, atribuindo significados aos diversos elementos que compõem essas fotos.

   Agora, assinale a alternativa que corresponde à sequência correta:
   a) V, V, F, F, V.
   b) F, F, V, V, F.

c) V, F, F, V, V.
d) F, V, V, F, F.

2. Com base nas possibilidades de uso das fotografias aéreas verticais e das imagens de satélite no ensino de geografia, assinale a alternativa correta:
   a) O uso desses recursos favorece o conhecimento sobre o espaço geográfico e proporciona o desenvolvimento de noções cartográficas.
   b) Pela complexidade desses recursos didáticos, devem ser utilizados unicamente com alunos do ensino médio e por professores que saibam manusear esse material.
   c) Especificamente sobre as imagens de satélite, sua utilização esbarra na dificuldade de sua obtenção, na medida em que é necessário comprá-las.
   d) As fotografias aéreas são importante recurso didático para o desenvolvimento do raciocínio temporal.

3. Os estudos do meio e as aulas de campo assumem função primordial no ensino de geografia, pois aproximam teoria e prática. Sobre o assunto, identifique as afirmativas a seguir como verdadeiras (V) ou falsas (F):
   ( ) Para a obtenção de resultados positivos e satisfatórios, as aulas de campo devem ser realizadas em lugares não conhecidos pelos alunos.
   ( ) Os estudos do meio, diferentemente das aulas de campo, priorizam a análise sobre o meio mediante pesquisas e seminários.
   ( ) O meio é um rico laboratório geográfico que pode ser utilizado como recurso didático significativo de aprendizagem em todos os níveis de ensino.

( ) O meio abrange várias escalas e lugares: pode ser a sala de aula, a rua do colégio, o bairro onde a escola se localiza, o fundo de vale etc.

( ) As aulas de campo têm uma natureza distinta das demais atividades didáticas, por isso a preocupação com seu planejamento é menor.

Agora, assinale a alternativa que corresponde à sequência correta:
a) V, V, F, F, V.
b) F, F, V, V, F.
c) V, V, V, F, V.
d) F, V, F, V, F.

4. As histórias em quadrinhos se caracterizam como um recurso didático que permite abranger várias discussões realizadas pela Geografia escolar, afinal, suas histórias versam sobre os mais variados temas. Considerando esse recurso didático, assinale a alternativa correta:
   a) As histórias em quadrinhos trabalham muito com o visual e o lúdico, por isso seu uso é destinado principalmente para alunos das séries iniciais do ensino fundamental.
   b) As histórias em quadrinhos auxiliam na construção de conceitos geográficos e da referência espacial, pois os lugares ilustrados podem ser explorados do ponto de vista da organização e da representação espacial.
   c) As histórias em quadrinhos sempre são utilizadas como meio de ilustrar e exemplificar temas já trabalhados e discutidos em sala de aula.
   d) A criação de histórias em quadrinhos pelos alunos apresenta uma limitação: a pouca quantidade de temas que podem ser utilizados nessa atividade.

5. Pelo apelo ao visual, as charges, os cartuns, as tirinhas e as histórias em quadrinhos destacam-se como recursos didáticos no ensino de geografia. Esses recursos aguçam a curiosidade dos alunos para os temas relacionados a essa disciplina. Considerando que cada um desses gêneros tem suas características, relacione a nomenclatura presente na coluna da esquerda com as definições indicadas na coluna da direita:

(I) Tirinha	(A) Busca fazer críticas amplas a questões sociais, culturais, ambientais e políticas de determinada sociedade, muitas vezes utilizando o humor como recurso. Não utiliza caricaturas de personalidades conhecidas, por isso é considerada atemporal.
(II) Charge	(B) Refere-se a uma narrativa que ocorre sequencialmente em quadros, em que legendas e balões são utilizados para situar o leitor e expressar os diálogos e pensamentos dos personagens. As histórias podem versar sobre vários assuntos e ocupar várias páginas na publicação.
(III) História em quadrinho	(C) Configura-se por uma narrativa que ocorre sequencialmente em até quatro quadros, marcada pelo discurso direto, em que legendas e balões são utilizados para situar o leitor e expressar os diálogos e os pensamentos dos personagens.
(IV) Cartum	(D) Caracteriza-se por ter como função criticar os personagens, geralmente por meio de caricaturas, fatos ou acontecimentos políticos, culturais ou sociais específicos que estão presentes na mídia, por isso, tem uma limitação temporal.

Agora, assinale a alternativa que apresenta corretamente a relação da coluna esquerda com a da direita:
a) I-B; II-A; III-C; IV-D.
b) I-A; II-B; III-D; IV-C.
c) I-D; II-C; III-A; IV-B.
d) I-C; II-D; III-B; IV-A.

Atividades de aprendizagem

Questões para reflexão

1. Leia o fragmento de texto a seguir, de autoria de Delgado de Carvalho[iv]:

> O jovem professor de geografia, treinado nas nossas universidades, se acha compenetrado das ideias modernas aplicadas ao ensino de sua matéria. Ele sabe, por exemplo, que o professor nunca deve "dominar a situação", mas esperar o "despertar do interesse" no aluno, ele foi ensinado a levar seus educandos habilmente ao desejo de conhecer, a sentir a necessidade de pesquisar. Ele está consciente de poder realizar este objetivo da pedagogia moderna, considerado hoje como capital.
>
> Entretanto, a este mestre cheio de entusiasmo sadio, é entregue um programa, do qual a primeira linha apresenta a expressão: "Sistema solar". A meninos e meninas de onze anos, [...], ele vai ter de ensinar, sem "dominar a situação", bem entendido, o sistema solar. Duas noites sem sono vai ele, pelo menos

---

iv. Texto alterado conforme a ortografia vigente.

passar, meditando o modo de despertar o interesse dos alunos sobre o plano da eclíptica e fazê-los sentir a necessidade de conhecer as órbitas dos planetas inferiores.

Talvez, na sua insônia, seja levado a se aproximar da janela e a contemplar a noite. Se for estrelada, ele pensará consigo mesmo: "Ah... se minha aula fosse à noite, eu poderia facilmente alcançar meu objetivo... Teria apenas de esperar as perguntas dos alunos que, com certeza, não falhariam; eu entraria no assunto".

O jovem professor teria razão: a sua intuição confirmara os ensinamentos que lhe foram ministrados. O contato com a realidade determinaria, por si só, o início de todo um processo de aprendizagem.

Fonte: Carvalho, 1941, p. 98.

Tendo como base o fragmento de texto, reflita sobre a importância da relação entre conteúdo escolar e cotidiano dos alunos para o processo de ensino-aprendizagem. Pense em estratégias que facilitariam a aproximação dos conteúdos mais abstratos com a realidade dos alunos. Discuta suas considerações e propostas com seu grupo de estudos.

2. As imagens expressam valores, pensamentos e ideias. Com base nisso, reflita como o professor pode instrumentalizar seus alunos de modo que eles possam analisar criticamente as imagens presentes em seus cotidianos. Anote as estratégias e justifique-as. Posteriormente, discuta os resultados com seu grupo de estudos.

Atividade aplicada: prática

Realize um levantamento dos locais no seu município que podem ser utilizados para a realização de aulas de campo com alunos da Geografia escolar. Escolha um desses locais, visite-o e elabore uma proposta de aula de campo, considerando todos os aspectos inerentes ao planejamento desse tipo de atividade. Posteriormente, apresente sua proposta a um professor da educação básica para verificar a viabilidade de sua realização.

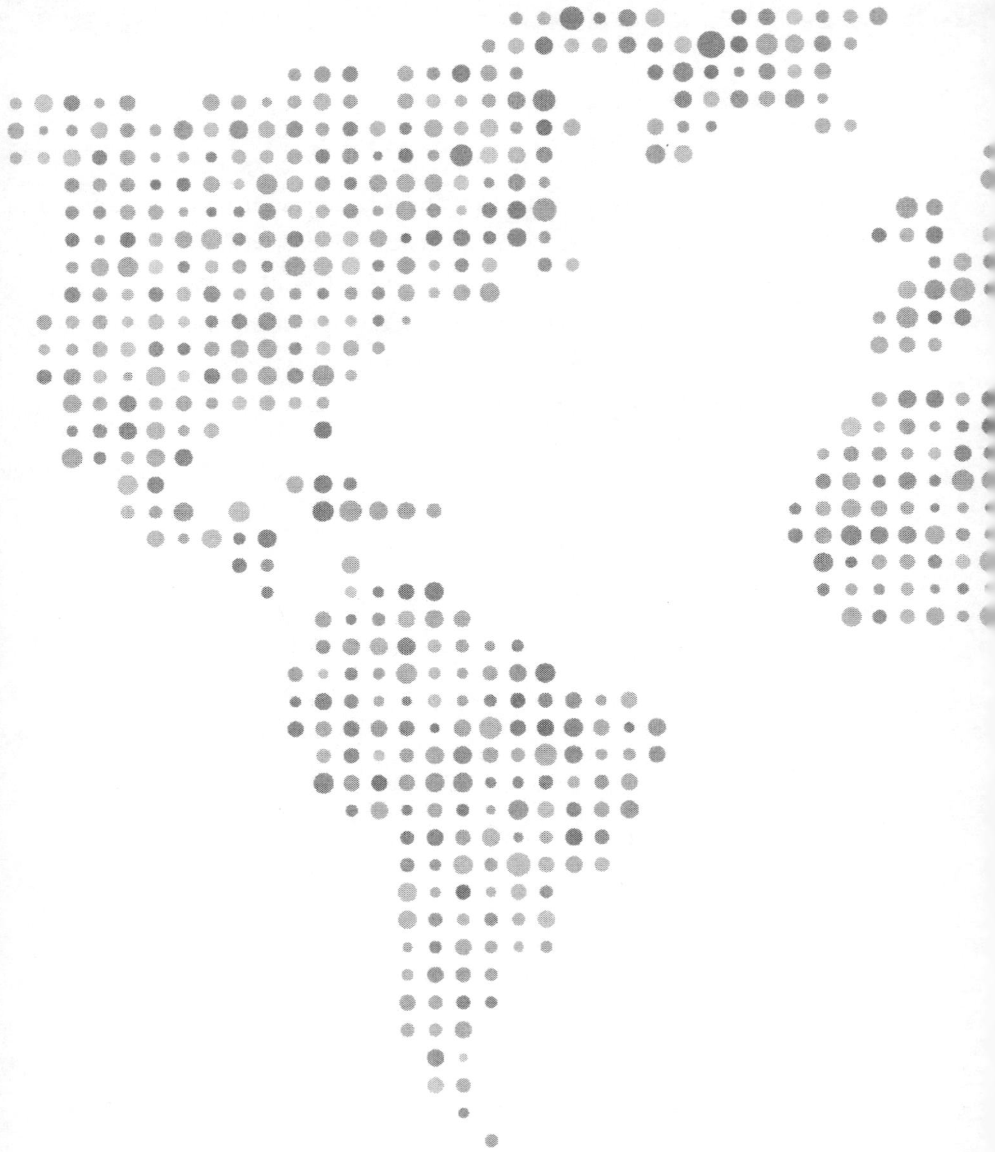

5

Produção de materiais didáticos no ensino de geografia

Neste capítulo, trataremos da produção de materiais didáticos e sua importância para o ensino de geografia na educação básica. Entre as inúmeras possibilidades existentes, examinaremos as propostas de elaboração de maquetes, pluviômetros, perfis de solos e materiais táteis. Nosso principal objetivo é demonstrar a você que a produção de materiais didáticos é uma prática relevante em sala de aula, na medida em que, por intermédio do concreto, procura auxiliar a compreensão de temas e a construção de conceitos abstratos por alunos em determinadas faixas etárias ou que apresentam deficiência visual e que, por isso, demandam alternativas metodológicas distintas.

5.1 Relevância e necessidade do concreto

Muito se tem discutido neste livro sobre a necessidade de adotar diferentes encaminhamentos metodológicos no ensino de Geografia, de modo a relacionar mais os temas da disciplina com o cotidiano dos alunos. Assim, surgem as propostas de aliar o ensino da Geografia escolar com jornais, fotografias, histórias em quadrinhos, literatura, músicas, filmes etc. O uso de cada uma dessas opções objetiva não somente aproximar o ensino do cotidiano dos alunos, mas também romper com práticas que não favorecem a construção do conhecimento, pois são desvinculadas da realidade.

Além dessa necessidade de **aproximação entre teoria e prática**, devemos atentar para o fato de que, em muitos momentos do exercício docente, há situações que exigem muito mais do que o uso de diferentes linguagens, seja porque abordaremos assuntos mais abstratos para determinadas faixas etárias, seja porque estaremos com alunos que apresentam certas limitações físicas, como a redução ou a inexistência de visão. Diante dessas e de outras situações, não podemos ignorar a dificuldade de compreensão dos alunos e simplesmente passar para o próximo conteúdo.

Salientamos que devemos utilizar todos os recursos disponíveis para tornar o assunto trabalhado mais concreto e, assim, favorecer o processo de ensino-aprendizagem. Entre esses recursos, defendemos que a elaboração de materiais didáticos, principalmente em conjunto com os alunos, é uma prática representativa para o processo de aprendizagem, pois permite a construção do conhecimento pela prática, estabelecendo uma relação entre conteúdo trabalhado e vivência no ambiente escolar.

Assim, a elaboração de materiais didáticos, como maquetes, globos, bússolas, relógios de sol, pluviômetros, entre vários outros, pode tornar o ensino mais concreto e, portanto, de mais fácil entendimento. Essa necessidade do concreto é mais presente em determinadas faixas etárias, como nas que caracterizam os primeiros anos do ensino fundamental, mas isso não significa que não podemos adotar esse tipo de recurso em todos os níveis da escolarização básica. Pelo contrário, devemos sempre nos atentar para as necessidades de aprendizagem de nossos alunos.

Dessa forma, por exemplo, se os alunos do 6º ano do ensino fundamental ou da 1ª série do ensino médio têm dificuldades para compreender curvas de nível, tema que depende da construção de determinadas noções espaciais, por que não utilizar a construção de um material didático que torne o assunto mais concreto? Por que ficar apenas nas ilustrações do livro didático ou nos desenhos na lousa se há outros mecanismos para a efetivação da aprendizagem?

Além do fato de poder utilizar a produção de materiais didáticos em todas as séries da educação básica, ressaltamos dois outros aspectos inerentes a essa prática: **envolvimento dos alunos** e **inexistência de restrições para sua realização**.

Em relação ao primeiro aspecto, vários estudiosos que defendem a necessidade do concreto em certas etapas do ensino para a construção do conhecimento, como Almeida e Passini (2004), Passini (2009) e Rezende et al. (2012), demonstram que, geralmente, a elaboração de materiais didáticos permite o **envolvimento dos alunos** na execução das tarefas, e isso tem como consequência um interesse maior nos temas trabalhados. Nesse sentido, é importante destacar que, assim como qualquer outro encaminhamento metodológico, a elaboração de um material didático não pode ser um fim em si mesmo, mas deve subsidiar o entendimento de assuntos e conceitos geográficos pelos alunos.

O segundo aspecto se refere ao fato de que a **elaboração de materiais didáticos** independe de recursos tecnológicos ou de restrições de materiais. Nesse ponto, talvez você deve estar se questionando sobre a real possibilidade de desenvolvimento desse tipo de material em escolas com carência de recursos financeiros. Esse questionamento é pertinente, mas acreditamos que, para fazer uma maquete, por exemplo, não necessitamos de isopor, de folhas E.V.A. (Etil Vinil Acetato) ou de massa corrida, pois podemos utilizar materiais alternativos disponíveis nas casas ou nos comércios da própria comunidade em que a escola está inserida, como papelão e jornal.

Dessa forma, além de não precisar de materiais que porventura não possam ser adquiridos pelos alunos ou pelo estabelecimento escolar, podemos substituí-los por recicláveis, pois estaremos tanto tratando do tema específico da disciplina de Geografia escolar quanto aproveitando a oportunidade para abordarmos questões mais amplas da educação ambiental. Acreditamos que isso possa (e deva) ser feito em todos os ambientes escolares, com ou sem recursos financeiros.

Assim como qualquer prática docente, a confecção de materiais didáticos também deve considerar vários aspectos de planejamento e de desenvolvimento da atividade. É preciso verificar previamente qual a finalidade de realizar essa atividade em sala e quais os objetivos que deverão ser alcançados pelos alunos. Também devemos observar que materiais serão necessários e se ficarão sob a responsabilidade dos alunos ou do professor.

Outro ponto refere-se aos encaminhamentos metodológicos: Como desenvolver a atividade? Como as tarefas devem ser distribuídas? Qual é o tempo necessário? Haverá exposição dos alunos após o término? Por fim, como avaliar se os alunos atingiram os objetivos estabelecidos para a tarefa? São vários elementos que devem ser pensados para que a confecção do material didático não se configure como um fim em si mesmo, afinal, como toda prática docente, deve ser planejada e ter uma intencionalidade.

> Com base no exposto até o momento, não somente neste capítulo, mas em todo o livro, queremos reforçar a necessidade de o professor sempre buscar alternativas metodológicas que permitam a compreensão dos conhecimentos da disciplina de Geografia escolar pelos alunos. Também reiteramos a importância da reflexão constante sobre a prática docente, de modo a sempre melhorar a atuação do professor. Por isso, consideramos que para propiciar um ensino melhor de geografia, há a necessidade de tornar mais concretos os assuntos mais abstratos.

Em razão disso, apresentaremos na sequência algumas sugestões de materiais que podem ser elaborados conjuntamente com os alunos. No entanto, ressaltamos que há inúmeras outras possibilidades que podem ser desenvolvidas em todas as séries da educação básica.

5.2 Maquetes

Entre os vários materiais que podem ser elaborados com fins pedagógicos, a maquete é a mais conhecida, em razão de ser amplamente solicitada pelos professores em diversas disciplinas. É provável que você, em certo momento de sua vida escolar na educação básica, tenha confeccionado algum tipo de maquete ou conhece alguém que realizou essa atividade. São muito conhecidas as maquetes que buscam representar a sala de aula, a casa dos alunos ou, ainda, uma localidade, por exemplo. A utilização bastante acentuada desse material didático ocorre em razão dos resultados satisfatórios obtidos com sua elaboração.

No caso da Geografia escolar, a confecção de maquetes é uma atividade que, além de empolgar os alunos em sua execução, permite uma apreensão mais concreta do espaço geográfico. Nas séries iniciais do ensino fundamental, tal como mostram Almeida e Passini (2004), a maquete pode servir para explorar a projeção dos elementos do espaço vivido para o espaço representado e as relações espaciais topológicas dos objetos representados em função de um ponto de referência ou entre os objetos entre si, ou, ainda, destes em relação aos alunos.

Já nos anos finais do ensino fundamental, esse material pode auxiliar na relação da teoria com a prática, tornando a compreensão de determinados conceitos abstratos mais fácil. No ensino médio, por fim, consideramos que as maquetes podem ajudar com eventuais dificuldades sobre determinados temas que os alunos porventura tenham.

Independentemente de em qual série se desenvolva a maquete, ressaltamos que há uma ampla relação de materiais que podem ser utilizados: isopor, folhas E.V.A., papelão, caixinhas de inúmeros produtos (fósforos, remédios, sapato etc.), pedaços de madeira, argila, gesso, entre outros. O material a ser utilizado depende das possibilidades de sua obtenção, bem como dos objetivos propostos para a realização dessa atividade.

Como citado anteriormente, o professor pode optar por confeccionar com seus alunos maquetes somente de produtos recicláveis como meio de trabalhar também questões ambientais. Do mesmo modo, conforme afirmam Pontuschka, Paganelli e Cacete (2007), a construção da maquete em sala de aula merece atenção do professor, no sentido de incentivar os alunos a buscar o material, no exercício do trabalho coletivo e nas representações dos objetos.

Apesar das inúmeras possibilidades de utilizar as maquetes para representar o espaço geográfico, analisaremos aqui as que ilustram as **formas de relevo**. Nossa opção decorre da importância dessa proposta para tornar esse tema mais concreto, em razão de uma larga tradição e experiência de professores em sua elaboração, bem como dos cuidados necessários que antecedem sua confecção.

Ao discorrerem sobre a questão, Simielli et al. (1991) demonstram que o uso da maquete com as formas da superfície terrestre tem como grande vantagem oferecer aos alunos, principalmente os do ensino fundamental, a possibilidade de visualizar os principais elementos do relevo. Como as autoras salientam, a noção de altitude nem sempre é compreendida nos mapas hipsométricos ou de curvas de nível, pois, nessa fase da escolarização, os alunos ainda têm um nível de abstração em desenvolvimento, incipiente para compreender a representação de elementos tridimensionais em superfícies planas, como as dos mapas.

Nesse sentido, a maquete torna-se útil no processo de ensino-aprendizagem, pois restitui o concreto (relevo) com base em uma abstração (curvas de nível), conforme podemos observar na Figura A, no Anexo da obra.

De acordo com Simielli, Girardi e Morone (2007), na elaboração da maquete de relevo, o professor deve considerar previamente algumas questões, como a obtenção da base cartográfica, os objetivos do trabalho, o tempo destinado à atividade em sala de aula e as possibilidades materiais da escola ou dos alunos. Dessa forma, o professor terá meios de definir o tamanho da maquete, a quantidade de curvas que serão trabalhadas e o tipo de acabamento que será efetuado.

Definidas essas questões, o professor pode passar para a fase de construção da base cartográfica que servirá de apoio para a elaboração da maquete. Nesse momento, deve-se optar por curvas de nível equidistantes. A equidistância entre elas depende das características do terreno que se quer representar, da escala do mapa e da espessura do material a ser utilizado.

Outro aspecto que o professor deve considerar ao elaborar a base para uma maquete de relevo é o fato de que, em alguns casos, será necessária a realização da generalização cartográfica. Simielli, Girardi e Morone (2007) indicam que esse processo engloba a simplificação de determinadas características das curvas de nível, para que somente os detalhes mais significativos sejam representados. Isso é importante quando as curvas de nível apresentam detalhamento muito elevado, o que dificultaria a confecção da maquete pelos alunos.

Com a base cartográfica fornecida pelo professor, os alunos procederão ao recorte do material em que será montada a maquete, realizarão a colagem das placas e farão o acabamento com o material escolhido[i]. No decorrer da montagem da maquete, o professor pode aproveitar o momento para tratar com os alunos os temas relacionados, fazer discussões, sanar dúvidas sobre o conteúdo etc. Após a maquete concluída, ela poderá ser utilizada para trabalhar vários temas, como identificação de formas de relevo (Simielli; Girardi; Morone, 2007), bacias hidrográficas, clima, vegetação, entre outros.

Salientamos mais uma vez que o importante é que a confecção da maquete, de relevo ou de qualquer outro tema, insira-se na discussão dos assuntos trabalhados em sala de aula e seja utilizada como recurso didático. Simielli et al. (1991) e Simielli, Girardi e Morone (2007) afirmam que a maquete não é um fim em si mesma, mas um meio didático pelo qual vários elementos da realidade devem ser trabalhados em conjunto.

5.3 Materiais táteis

A criação de materiais táteis voltados ao ensino da Geografia escolar decorre da necessidade de pensarmos em determinados tipos de recursos didáticos que permitam aos alunos com deficiência visual compreender conceitos que, sem esse tipo de material, são mais difíceis de serem construídos, como o de relevo, indicado no item anterior.

---

i. Para o detalhamento das etapas de montagem da maquete de relevo, consultar Simielli et al. (1991) e Simielli, Girardi e Morone (2007).

Nesse sentido, muitos dos materiais táteis relacionam-se diretamente com a confecção de maquetes, obviamente que com suas particularidades, as quais fornecem a possibilidade de utilizar um recurso alternativo às imagens.

Entre os inúmeros materiais táteis, destacaremos os voltados à cartografia, por ser um tema essencial à disciplina de Geografia escolar. Como demonstra Carmo (2009), as pessoas cegas necessitam de dados e informações espaciais que lhes permitam estruturar seus mapas mentais. Nesse sentido, a cartografia é essencial para a orientação, a mobilidade, a localização e a compreensão do espaço geográfico. A autora indica, ainda, com base em Tuan (1983), que o uso dos mapas táteis auxilia crianças cegas de nascença a seguir um trajeto ou até resolver um problema de mudança de direção no seu cotidiano. A disseminação da cartografia tátil contribui para a integração da pessoa com deficiência não somente na escola, mas também para o trabalho e a vida cotidiana.

Carmo (2009) mostra que, quando estamos nos referindo à cartografia tátil, devemos atentar para várias especificidades. Os mapas táteis são representações cartográficas em relevo, em que se reproduz o sistema simbólico de um mapa por meio de uma linguagem tátil, considerando-se as características peculiares do tato. Conforme salienta a autora, há vários níveis de deficiência visual e, por isso, na confecção de um mapa tátil, é preciso usar cores fortes e letras ampliadas para aqueles que têm visão residual e ponderar a representatividade do relevo em razão dos que não enxergam nada. Por esse motivo, na representação de certos espaços podem ocorrer distorções, ampliações, generalizações ou omissões. O mais importante não é tanto o rigor cartográfico, mas que o material produzido supra as necessidades de quem vai utilizá-lo, para que as formas possam realmente ser percebidas e distinguidas.

Nesse sentido, Carmo (2009) sugere considerar três etapas principais na elaboração de um mapa tátil. A primeira se refere à aquisição das **informações**, que podem ser obtidas por meio de censos demográficos, pesquisas, imagens de satélite, gráficos, mapas etc. A segunda etapa é quando ocorre o **processamento de dados**, os quais são selecionados, classificados, reduzidos, generalizados e simplificados. De acordo com a autora, a simplificação é um dos momentos mais importantes dessa etapa, pois contribui para a percepção tátil. Ainda nessa segunda fase, são escolhidos os símbolos para a representação da informação, adequando-se o nível de medida e a maneira de implantação cartográfica mais pertinente.

Na terceira etapa, ocorre a **construção efetiva** do mapa, definindo-se a forma mais adequada de representação. Vale destacar que o tipo de mapa tátil que se quer é o que definirá o procedimento a ser utilizado. A autora ainda sugere que, como etapa de encerramento, o mapa seja **testado por estudantes** com deficiência visual para que se realize a correção de possíveis problemas.

É importante ressaltar que, tanto para a cartografia tátil quanto para qualquer outro material tátil, devemos nos preocupar com os materiais que serão utilizados na confecção do produto. Assim, se o objetivo é diferenciar classes, devemos optar por materiais com texturas diferentes. Caso a finalidade seja fazer uma hierarquização de determinados elementos, necessitamos usar materiais que passem essa concepção. Também é importante adotar materiais que não causem desconforto aos usuários, como lixas grosseiras. Além disso, é fundamental observar a distribuição das informações no material, que não podem ser em excesso ou muito próximas, pois isso pode confundir quem irá utilizar o recurso (Carmo, 2009).

Carmo (2009) demonstra que há várias possibilidades de representar em relevo. A autora salienta que os mapas produzidos com colagem de materiais, como papel camurça, papel micro-ondulado, diversos tipos de tecidos, E.V.A., cordões, barbantes etc., são uma ótima opção, pois têm a vantagem do baixo custo. No entanto, é preciso lembrar que esses materiais têm o inconveniente da menor durabilidade quando bastante utilizados.

A Figura B, que consta no Anexo desta obra, apresenta um exemplo de um globo confeccionado com a utilização de diferentes texturas. Outras opções são as que utilizam alumínio ou máquinas específicas de impressão em relevo, no entanto, são bem mais caras e de difícil acesso. Não podemos deixar de citar o uso de maquetes – materiais extremamente importantes para a construção de conceitos, sejam os da geografia física, sejam os da geografia humana.

Reiteramos que há inúmeras possibilidades de confecção dos materiais táteis para o ensino de geografia. Além de mapas em relevo ou maquetes, podemos citar a elaboração de globos com isopor e barbante para trabalhar, por exemplo, paralelos e meridianos; a utilização de caixas de tamanhos diferentes para tratarmos de escala; ou, ainda, os mostruários de solos para discutirmos suas características. Enfim, as possibilidades são várias, no entanto, devemos sempre lembrar que a escolha por outro material depende exclusivamente da necessidade dos alunos que o utilizarão.

5.4 Perfis de solos

Em algumas séries da educação básica, a temática *solos* configura-se como um conteúdo programático. Nessa perspectiva, é trabalhado o processo de formação, os horizontes, os tipos de solo e a degradação desse recurso por meio da erosão, da salinização, da desertificação ou, ainda, da arenização.

No entanto, embora em muitos casos a ilustração presente nos livros didáticos seja bastante rica, o tema pode não ser muito bem compreendido pelos alunos, principalmente quando tratamos dos horizontes e tipos existentes, características pouco visualizadas nos cotidianos dos alunos, em especial nas áreas urbanas mais densificadas. Raramente um aluno de uma grande cidade tem acesso a cortes no terreno em que seja possível visualizar os horizontes, suas cores e características. Podemos considerar também que o solo, independentemente do lugar, por estar debaixo de nossas construções, jardins, ruas etc., é pouco visualizado, dificultando a relação dos conteúdos trabalhados na escola com o observado no cotidiano.

É nesse sentido que propomos a construção de perfis de solos para a utilização em sala de aula. Esse tipo de material didático permite aos alunos verificarem as **características do solo**, bem como constatarem as **diferenças entre os diversos grupos**. Na sequência, apresentaremos uma sugestão de elaboração de perfil de solo, no entanto, salientamos que cada professor pode adaptar o recurso didático à sua realidade, optando por outros materiais para a confecção, tamanhos diferentes etc., e aos objetivos estipulados para o assunto trabalhado.

Nossa proposta é a de que os perfis de solo elaborados sejam relativos aos grupos existentes nos municípios de residência dos alunos. Defendemos isso porque os conteúdos tratados em sala de aula devem estar relacionados o máximo possível com o cotidiano e a realidade dos alunos. Dessa forma, para a confecção dos perfis, inicialmente o professor deve proceder a uma pesquisa sobre os **tipos de solo** no município. Para isso, pode utilizar os dados disponibilizados pela Embrapa (Empresa Brasileira de Pesquisa Agropecuária) em sua página de internet. Apesar de o mapa disponibilizado estar na escala 1:5.000.000, pode servir para os casos de não haver mapeamentos mais detalhados.

Identificados os tipos de solo e as respectivas localizações, há a coleta das **amostras** na sequência. Para tanto, devem ser escolhidos locais em que existam cortes no terreno, para que seja possível pegar amostras de cada um dos horizontes. Obviamente que, para determinados tipos de solo, em razão de suas características, talvez não seja possível coletar todos os horizontes, mas é importante que se tente obter o máximo possível de amostras.

Definidos os locais, devemos **limpar a área** da coleta antes de retirar as amostras, para que as porções de solo coletadas não tenham material de outra origem nem estejam sob a ação dos raios solares ou da precipitação. Após isso, há a coleta e cada amostra de horizonte deve ser guardada separadamente para que não haja a mistura dos materiais. É importante identificar de qual horizonte é o material coletado, bem como a localização do ponto de coleta.

Para a **montagem do perfil**, podemos usar diferentes tipos de recipiente. Sugerimos a utilização de garrafas PET transparentes, pois é um material de fácil obtenção, em abundância e sem custos. As garrafas são cortadas próximo ao gargalo, de modo que fique um tubo. A montagem do perfil de solo inicia-se com a disposição do último horizonte no fundo do recipiente selecionado. Segue-se, dessa maneira, em uma sequência de ordem inversa, dispondo paralelamente horizonte por horizonte, até que o horizonte "O" seja o último a ser disposto.

É válido lembrar que a quantidade colocada de material de cada horizonte varia em função do encontrado nos pontos de coleta, mantendo-se uma proporção com o observado em campo. Registros fotográficos realizados em campo podem auxiliar nessa tarefa, além de poderem ser utilizados como complemento ao material em sala de aula.

Posteriormente à disposição dos horizontes, podem ser inseridas pequenas mudas de plantas no horizonte "O" do perfil ou miniaturas de planta em plástico, como meio de se mostrar a importância da vegetação para o solo. Em se tratando de mudas, o material pode ser utilizado também para outras abordagens, como o processo de evapotranspiração por exemplo.

Discutir o ciclo da água também é possível com esse material, desde que esteja vedado. Assim, a água existente no solo evapora por causa do aumento da temperatura em determinados horários do dia, mas como encontra uma superfície mais fria (vedação do recipiente), condensa-se e, posteriormente, precipita-se. Para a vedação, propomos o uso de filme de PVC (policloreto de vinila), por ser um material que se adapta aos contornos da garrafa, mas o professor pode pensar em outros materiais para esse fim. As imagens que aparecem na Figura C, que consta no Anexo desta obra, mostram a criação de um perfil de solo existente em determinado município do Estado do Paraná.

Com o material finalizado, podemos utilizá-lo em sala de aula de diferentes maneiras, dependendo dos objetivos definidos. Assim, além de tratar das diferenças entre os tipos de solo, esse material didático é bastante importante para que os alunos compreendam de modo mais fácil a disposição dos horizontes do solo. O objeto de estudo se torna mais palpável e observável, sendo, portanto, mais fácil de se estabelecer a relação entre o concreto e a teoria.

5.5 Pluviômetros

Na perspectiva de tornar determinadas noções mais concretas para os alunos, para o estudo de questões e equipamentos ligados à climatologia, é possível adotar materiais didáticos que facilitem a compreensão do tema. Autores como Rezende et al. (2012) sugerem que a construção de pluviômetros e sua posterior utilização pelos alunos pode fornecer uma experiência bastante interessante para a aprendizagem.

A construção desse tipo de material é relevante para que os alunos compreendam a dinâmica da coleta de dados pluviométricos, a qual permite o entendimento da distribuição espacial da pluviosidade em determinada região. Também salientamos o quão interessante pode ser o uso desse material em localidades em que não é possível visitar uma estação meteorológica, local em que está presente esse tipo de instrumento.

Dessa forma, como indicam Rezende et al. (2012), para a construção de cada pluviômetro são necessários os seguintes materiais, todos de fácil aquisição e baratos: duas garrafas PET (uma delas deve ter tampa), um cabo de vassoura, fita adesiva, uma gaze. São necessários, ainda, uma faca (ou outro tipo de instrumento para cortar as garrafas) e recipiente para coletar e medir a chuva em mililitros (ml).

Os **procedimentos para a confecção** dos pluviômetros são bastante simples: com um instrumento de corte, devemos retirar o fundo de uma das garrafas; de outra, retiramos a parte superior. É importante que, quando realizado conjuntamente com os alunos, o professor faça essa parte, de modo que não ocorram acidentes em sala de aula. Posteriormente, pegamos a parte de cima da garrafa que foi cortada, que parece um funil, e a encaixamos no fundo da garrafa que teve o fundo cortado. Esse funil não deve ter tampa, pois é por ele que a água será introduzida no recipiente.

Na sequência, colocamos a gaze na entrada do funil e passamos a fita adesiva nas laterais, de modo horizontal, para que o funil fique fixado na base em que a água será depositada. É importante que a garrafa na qual o funil será fixado tenha tampa plástica para que a água se acumule. Por fim, pegamos esse equipamento e fixamos no cabo de vassoura. Para tanto, mais uma vez, é utilizada a fita adesiva. As imagens que aparecem na Figura D, que consta no Anexo desta obra, apresentam as etapas relatadas.

Com o material pronto, podemos utilizá-lo de diferentes maneiras. Rezende et al. (2012) demonstram que optaram que cada aluno levasse seu pluviômetro construído para casa e o fixasse em locais que não tivessem a interferência de calhas, árvores, muros etc. Durante um mês, os alunos coletaram diariamente os dados de água acumulada, anotando os valores em mililitros em uma tabela. Para isso, os alunos utilizaram recipientes com marcação em mililitros. Ao final, as tabelas produzidas pelos alunos foram tabuladas por Rezende et al. (2012) e as informações transformadas em um **mapa pluviométrico** da região.

Outra opção é usar o pluviômetro para a construção de **climogramas** conjuntamente com os alunos em sala de aula. Porém, para essa tarefa, é necessário que haja também a medição de temperatura, a qual pode ser efetuada pelo professor, caso os alunos não tenham os equipamentos para essa tarefa.

Para essa atividade, os alunos deverão anotar diariamente os totais pluviométricos em uma tabela e, ao final do mês, é calculada a **média de pluviosidade** para a região. Isso torna-se mais representativo quando os alunos moram no mesmo bairro, pois, assim, é possível calcular a média para a localidade. O professor pode optar por construir um climograma por mês ou um anual, com os dados de pluviosidade e temperatura coletados.

Pelo exposto, acreditamos que as sugestões de atividades descritas são ferramentas importantes para tornar o ensino de Geografia dotado de sentido para os alunos. Obviamente, outras poderão ser elaboradas pelo professor. O envolvimento com a construção do pluviômetro, a responsabilidade de coletar os dados e a participação na elaboração de um produto final tornam muito mais representativo o processo de ensino-aprendizagem e, consequentemente, a construção de conceitos geográficos.

Síntese

Neste capítulo, discutimos como a confecção de materiais didáticos em sala de aula pode ser um instrumento importante no processo de ensino-aprendizagem, afinal, esses recursos permitem tornar mais concretos determinados conceitos, seja porque são abstratos para determinadas faixas etárias, seja porque alguns alunos têm deficiência visual e necessitam de algo que substitua a informação visual. Nessa perspectiva, analisamos quatro tipos de materiais, quais sejam: as maquetes, os materiais táteis (em especial a cartografia tátil), os perfis de solo e os pluviômetros. Cada um desses materiais tem suas características e potencialidades, que, se bem aproveitadas, podem ser bastante úteis para o ensino de geografia na construção de conceitos ou noções espaciais. Salientamos que as possibilidades não se esgotam nos exemplos discutidos, pois são bastante amplas e diversificadas.

Indicações culturais

LABTATE – Laboratório de Cartografia Tátil e Escolar. Disponível em: <http://www.labtate.ufsc.br/index.html>. Acesso em: 6 mar. 2016.

O Laboratório de Cartografia Tátil e Escolar foi criado em 2006 com o objetivo de estudar e propor padrões cartográficos para mapas táteis no Brasil. Vinculado ao Departamento de Geociências da Universidade Federal de Santa Catarina (UFSC), configura-se como um lugar de referência para a pesquisa e a extensão na área. O laboratório conta com página na internet, na qual é possível ter acesso a artigos produzidos sobre o tema e obter as bases para a confecção de mapas táteis. Além disso, também estão disponíveis as bases do Atlas Geográfico Tátil para todos os continentes e do Globo Terrestre Tátil.

UFPR – Universidade Federal do Paraná; Departamento de Solos e Engenharia Agrícola. **Programa Solo na Escola**. Disponível em: <www.escola.agrarias.ufpr.br>. Acesso em: 6 mar. 2016.

O Programa Solo na Escola se caracteriza por ser um programa de extensão universitária, do Departamento de Solos e Engenharia Agrícola da Universidade Federal do Paraná (UFPR). A página de internet do programa apresenta várias indicações de materiais e experiências que podem ser realizadas com os alunos a respeito do tema de solos. Também traz materiais que podem ser baixados, como mapas, livros e cartilhas. O programa prevê a realização de cursos com professores da educação básica e visitas para a Exposição Didática de Solos em Curitiba, Estado do Paraná.

Atividades de autoavaliação

1. Os materiais didáticos podem ser um importante instrumento para o processo de ensino-aprendizagem no ensino de geografia. A respeito do tema, identifique as afirmativas a seguir como verdadeiras (V) ou falsas (F):

    ( ) Ao utilizar qualquer material didático, o professor deve considerar vários aspectos, como: o objetivo da adoção de determinado material, como será utilizado, o tempo necessário para desenvolver a proposta, o método de avaliação para verificar se os alunos atingiram os objetivos propostos, entre outros elementos inerentes ao planejamento.

( ) Os materiais didáticos têm como um de seus objetivos a apreensão pelo concreto. Dessa forma, são recomendados unicamente para o ensino fundamental, pois, nessa fase de escolarização, o nível de abstração dos alunos ainda está em desenvolvimento.

( ) A elaboração de determinados materiais didáticos requer materiais bem específicos, como isopor ou E.V.A., cola, tintas e massa corrida. Por isso, em ambientes com carência de recursos financeiros, a confecção desse tipo de material didático é inviabilizada e impraticável.

( ) A confecção de materiais didáticos, principalmente em conjunto com os alunos, caracteriza-se como uma prática representativa para o processo de aprendizagem, pois favorece a construção do conhecimento pela prática, estabelecendo uma relação entre conteúdo trabalhado e vivência no ambiente escolar.

( ) São inúmeros os tipos de materiais didáticos que podem ser utilizados no ensino de geografia. Nessa perspectiva, podem ser citados como exemplos: as maquetes, as bússolas produzidas, os materiais táteis, os pluviômetros, os relógios de sol, os perfis de solo, entre outros.

Agora, assinale a alternativa que corresponde à sequência correta:

a) F, V, F, V, F.
b) V, V, V, F, V.
c) F, F, V, F, F.
d) V, F, F, V, V.

2. A maquete é um dos materiais didáticos mais confeccionados no âmbito da disciplina de Geografia escolar. A respeito do assunto, assinale a alternativa correta:
   a) A maquete utilizada como material didático permite uma apreensão mais concreta do espaço geográfico.
   b) Esse tipo de material didático pode ter a finalidade exclusiva de ter sua confecção como um fim em si mesmo.
   c) A confecção de maquetes é inviabilizada em escolas com carência de recursos financeiros, em razão dos materiais necessários para sua elaboração.
   d) A maquete, apesar de ser o material didático mais elaborado no ensino de geografia, apenas pode ser utilizada para representações do relevo.

3. A criação de materiais táteis voltados ao ensino da Geografia escolar decorre da necessidade advinda da utilização de determinados tipos de recursos didáticos que permitam aos alunos com deficiência visual compreender conceitos que, sem esse tipo de material, são mais difíceis de serem construídos. Nessa perspectiva, identifique as afirmativas a seguir como verdadeiras (V) ou falsas (F):
   ( ) Os mapas táteis são representações cartográficas em relevo, em que se reproduz o sistema simbólico de um mapa utilizando uma linguagem tátil, considerando-se as características peculiares do tato.
   ( ) Os materiais táteis são utilizados em várias disciplinas escolares. Em relação à Geografia, seu uso ocorre unicamente por meio de maquetes, pelas quais é possível ao aluno com deficiência visual perceber as formas da superfície terrestre.

( ) Na confecção de mapas táteis, o professor deve estar atento às normas cartográficas, pois, assim como o mapa visual, o tátil também necessita seguir essas regras e apresentar rigor cartográfico.

( ) Qualquer material tátil produzido deve suprir as necessidades de quem vai utilizá-lo para que as formas e texturas utilizadas possam ser realmente percebidas e distinguidas.

( ) Para a produção de mapas táteis, há vários recursos que podem ser utilizados, como papel camurça, papel micro-ondulado, diversos tipos de tecido, E.V.A, papelão, cordões, barbantes etc., os quais podem ser utilizados em colagens que comporão o produto final.

Agora, assinale a alternativa que corresponde à sequência correta:

a) V, V, V, F, F.
b) F, F, V, V, F.
c) V, F, F, V, V.
d) F, V, F, F, V.

4. A respeito da construção de pluviômetros como materiais didáticos para o ensino de geografia, assinale a alternativa correta:

a) A confecção de pluviômetros é indicada, sobretudo, para as localidades que não têm uma estação meteorológica que possa ser visitada pelos alunos.

b) A construção e utilização dos pluviômetros pelos alunos facilita o entendimento do mecanismo de coleta de dados meteorológicos, fundamentais para a compreensão da dinâmica climática em dada região.

c) As atividades que envolvem a elaboração e utilização de pluviômetros são destinadas principalmente para alunos do ensino médio, haja vista a necessidade de determinados conhecimentos prévios.

d) Os pluviômetros construídos na escola são relevantes para a aprendizagem, no entanto, difíceis de serem confeccionados em escolas mais carentes, pois são necessários materiais caros para sua elaboração.

5. Tendo como base a construção de perfis de solos para o ensino de geografia, identifique as afirmativas a seguir como verdadeiras (V) ou falsas (F):

( ) Os perfis de solo são importantes exclusivamente para a compreensão sobre os elementos que compõem o solo, tais como minerais, argila etc.

( ) São materiais raramente utilizados no ensino de geografia, pois o solo é um elemento da natureza que a maioria das pessoas têm contato cotidianamente e, por isso, de fácil compreensão.

( ) Os perfis de solo podem ser utilizados em sala de aula para trabalhar questões relativas aos seus horizontes, bem como sobre os diferentes grupos desse recurso.

( ) Além da temática *solos*, os perfis de solo podem servir para tratar de outros temas. Assim, dependendo da forma como são construídos, podem auxiliar também na compreensão do ciclo da água, por exemplo.

( ) Esse tipo de material didático pode ser elaborado com recursos facilmente obtidos, como as garrafas PET. Pode ser confeccionado em todas as realidades escolares, pois não necessita de materiais caros.

Agora, assinale a alternativa que corresponde à sequência correta:
a) V, V, F, F, F.
b) F, F, V, V, V.
c) V, F, V, F, F.
d) F, V, F, V, V.

Atividades de aprendizagem

Questões para reflexão

1. Escolha um conteúdo de geografia da educação básica e pense no desenvolvimento de um material didático para ele. Anote os objetivos da proposta, os materiais necessários, os encaminhamentos metodológicos para sua confecção, o tempo necessário para sua elaboração e os mecanismos de avaliação do processo de ensino-aprendizagem. Após a proposta organizada, apresente-a para os integrantes de seu grupo de estudos. Com base nas considerações apresentadas pelo grupo, reflita sobre os aspectos que poderiam ser modificados ou melhorados para que a atividade contribua efetivamente para a construção do conhecimento.

2. Em item específico deste capítulo, apresentamos algumas considerações a respeito dos materiais táteis, indispensáveis para as pessoas com deficiência visual parcial ou total. Tendo em vista a necessidade desses recursos didáticos, reflita sobre outros materiais podem ser elaborados para além dos citados no texto. Anote as propostas, o processo de sua elaboração, os materiais utilizados, que temas podem ser trabalhados, entre outros elementos pertinentes. Reúna-se com seu grupo de

estudos e apresente as propostas. Após a apresentação das propostas de todos os integrantes, redija um texto com aquelas consideradas mais representativas para as pessoas com deficiência visual.

Atividade aplicada: prática

Entre em contato com uma escola de seu município e obtenha informações a respeito de quais temas estão sendo trabalhados com as turmas da 6º ano do ensino fundamental. Com a permissão da direção e da equipe pedagógica da escola, selecione duas turmas e desenvolva duas metodologias distintas, uma para cada, sobre o tema tratado no momento. Em uma turma, utilize, quando da explicação do conteúdo, imagens, lousa e mapas. Na outra, além dos materiais citados, utilize também a confecção de um material didático adequado ao tema trabalhado. Observe o desenvolvimento das atividades nas duas turmas e verifique em qual delas a aprendizagem foi mais significativa.

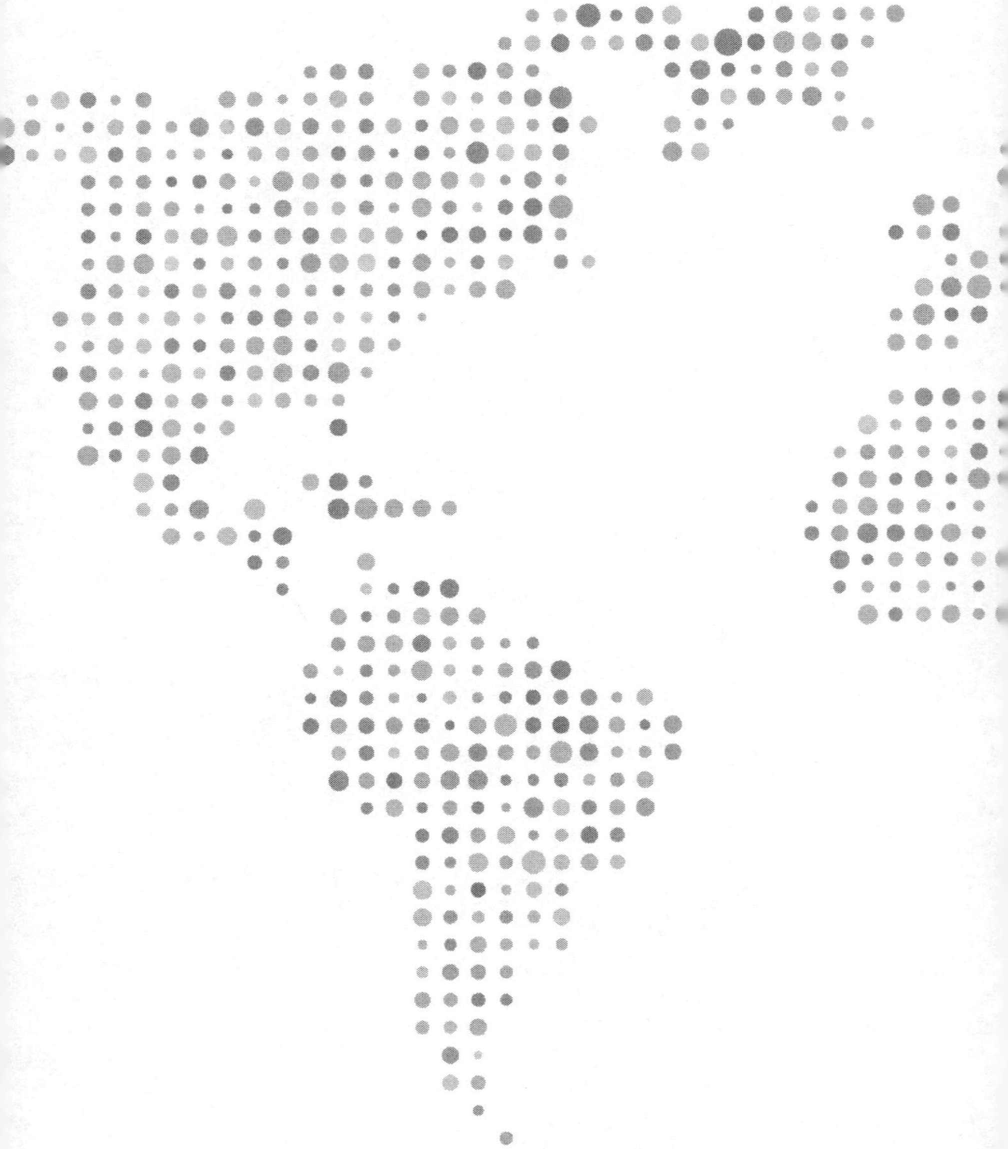

6 Alfabetização cartográfica

Neste capítulo, priorizaremos a discussão a respeito de um tema bastante importante para a Geografia escolar e que tem ganhado notoriedade nos últimos anos: a alfabetização cartográfica. Para tanto, abordaremos as definições desse conceito, suas metodologias, suas etapas e sua relevância para a disciplina de Geografia nos ensinos fundamental e médio. Nesse sentido, nosso principal objetivo neste capítulo é demonstrar a você que a alfabetização cartográfica é essencial na educação básica, uma vez que contribui para o desenvolvimento da habilidade de leitura e interpretação de mapas e do raciocínio espacial. Além de questões teóricas, estarão presentes no capítulo algumas propostas de encaminhamentos metodológicos relacionados à temática apresentada.

6.1 Alfabetização cartográfica

Em seu famoso livro intitulado *A geografia – isso serve, em primeiro lugar, para fazer a guerra*, publicado pela primeira vez na década de 1970, Yves Lacoste (2012) afirma que não há dúvidas de que os mapas, para aqueles que não aprenderam a lê-los e utilizá-los, não têm qualquer sentido, pois são como um texto para quem não sabe ler. Talvez, para algumas pessoas, essa afirmação possa parecer exagerada, no entanto, não a consideramos dessa forma, afinal, entendemos que na escola os alunos devam ser alfabetizados cartograficamente[i] para conseguirem ler mapas, do mesmo modo que o são na língua portuguesa, quando aprendem a ler textos.

---

i. Optamos por empregar a definição de *alfabetização cartográfica*, embora tenhamos consciência de que há estudiosos que fazem críticas a essa nomenclatura. No entanto, compreendemos que a expressão a ser utilizada é a mais apropriada para explicar a aquisição da linguagem cartográfica, tal como defende Passini (1999; 2009; 2012). Para posicionamentos contrários ao da adoção do termo utilizado neste livro, sugerimos a leitura de Almeida (1999) e Castellar e Vilhena (2011), em especial o segundo capítulo.

Castellar e Vilhena (2011) explicam que esse estranhamento quanto à necessidade de aprender a ler mapas decorre do fato de que ainda se entende de maneira equivocada que a cartografia escolar seja unicamente uma técnica e um conjunto de conteúdos (escalas, fusos horários, coordenadas geográficas, projeções cartográficas e tipos de representação cartográfica) sem muita relação entre si. As autoras indicam que, apesar de esses conteúdos de cartografia serem importantes e de essa área ter uma técnica para representar os lugares, é fundamental entendê-la como uma linguagem, um meio de comunicação e também uma metodologia.

Nesse sentido, a cartografia passou a ser compreendida como meio de comunicação e linguagem a partir das décadas de 1960 e 1970. Castellar e Vilhena (2011) indicam que os estudos relacionados a essa discussão foram elaborados inicialmente nos países do leste europeu e que, depois, outras pesquisas ampliaram os debates na geografia. Destacam-se, sobretudo, as obras de Jacques Bertin, em especial *Sémiologie du système graphique de signes* (1967), *Sémiologie graphique: les diagrames, les résseaux, les cartes* (1973) e *La graphique et le traitement graphique de l'information* (1977), em que o autor defende uma linguagem da representação gráfica de caráter bidimensional e monossêmica (um único sentido), incluindo a linguagem dos mapas, consolidando-a com o estabelecimento de uma semiologia apropriada: a gráfica (Martinelli, 1999). Nessa perspectiva, a representação da informação espacial não foi mais considerada apenas uma relação de decodificação de símbolos com base na legenda, mas como uma linguagem que tem relação entre a informação e sua representação gráfica (Almeida, 1999).

Dessa forma, como a **cartografia é uma linguagem**, conforme demonstra Joly (2004), há a necessidade de utilizar símbolos que sejam compreensíveis por todos que tenham um mínimo de iniciação em sua leitura. É nessa perspectiva que a semiologia gráfica, defendida por Bertin em seus trabalhos citados anteriormente, se insere, pois essa área tem o objetivo de avaliar as vantagens e os limites das variáveis visuais adotadas pela simbologia cartográfica, buscando formular regras para um uso racional da linguagem cartográfica.

Ora, tal como a linguagem escrita, a linguagem cartográfica representa as informações por meio de um alfabeto, o alfabeto cartográfico (Castellar; Vilhena, 2011), formado por variáveis visuais: forma, tamanho, orientação, cor, valor e granulação. Para realizar a leitura, é necessário que o leitor tenha o domínio dos códigos utilizados e que compreenda a relação entre significante e significado. Nessa perspectiva, para ler um texto ou um mapa, é necessário que o leitor seja alfabetizado. O processo é o mesmo, muda-se apenas o tipo de linguagem.

Nesse sentido, como indica Passini (1999), com base nas contribuições de Ferreiro (1992), quando estamos falando da aquisição da linguagem escrita através da alfabetização, consideramos que ela se inicia com a entrada do sujeito no mundo dos signos e, a partir das inúmeras etapas de reconstrução e melhoramento dos mecanismos de coordenação das ferramentas de inteligência, o desenvolvimento das habilidades ultrapassa a simples decodificação. Isso envolve o sujeito em outros níveis de leitura, tanto das representações quanto do mundo, permitindo que, ao passar da significação particular para a codificação/decodificação coletiva, entenda a função social da língua escrita.

Quando constatamos que a cartografia também é uma linguagem, devemos considerar que os mecanismos de sua aquisição são semelhantes aos da linguagem escrita. Passini (1999) demonstra que, no processo de aquisição da linguagem cartográfica, o sujeito, ao entrar em contato com os signos específicos, cria mecanismos para decodificá-los. Nesse nível elementar, a leitura é de elementos isolados, por exemplo, o aluno consegue identificar que a linha azul representada no mapa é um rio ou que a linha vermelha é uma estrada.

Posteriormente, a cada reconstrução dos signos, melhoram-se as estruturas cognitivas, possibilitando leituras em diferentes níveis de complexidade, em que se passa do nível elementar e de descrição para o intermediário, quando o sujeito pode perceber agrupamentos, e, finalmente, para o de síntese, análise e proposição, em que passa a ser possível, segundo Passini (1999, p. 127), efetuar "novas relações, comparações, ordenações, análises críticas, explicações e proposições". Nesse último nível, o sujeito passa a ter uma visão de conjunto. Por exemplo, em um mapa que contém a representação da hipsometria e da hidrografia de uma área, o aluno consegue verificar que as nascentes dos rios estão localizadas nas áreas mais elevadas.

> Para que os alunos consigam fazer essas relações cartográficas mais complexas, defendemos a alfabetização cartográfica na educação básica, em especial no ensino fundamental. Dessa forma, de acordo com Passini (2009), a expressão *alfabetização cartográfica* é adotada para explicar o processo de aprendizagem da cartografia como linguagem. É o processo pelo qual há a aquisição de habilidades que permitem ao sujeito ler o espaço, representá-lo e tornar-se um leitor eficiente de diferentes tipos de representações cartográficas.

Como metodologia, a alfabetização cartográfica pressupõe o entendimento dos encaminhamentos metodológicos necessários para o desenvolvimento das habilidades de elaborar e ler mapas, como codificar e decodificar símbolos, extrair informações e interpretar a espacialidade dos elementos representados (Passini, 2012).

No entanto, para que a alfabetização cartográfica surta efeito e atinja seus propósitos, alguns cuidados quanto aos encaminhamentos metodológicos devem ser observados. Passini (2009, p. 15) esclarece que, assim como "na iniciação para a aquisição da escrita não trabalhamos textos de conteúdo abstrato e elaboração de frases complexas, no caso do mapa, ocorre o mesmo". Portanto, não faz sentido trabalhar com os alunos mapas murais, de atlas ou de escala pequena, cheio de detalhes, símbolos complexos e generalizações, nos quais a leitura demanda um conhecimento mais avançado, quando eles ainda estão na etapa inicial de alfabetização. A principal proposta metodológica da alfabetização cartográfica é que os alunos comecem como elaboradores de mapas para, então, com a aquisição e o desenvolvimento de habilidades, tornarem-se leitores eficientes dessas representações (Almeida; Passini, 2004; Passini, 2012).

Almeida e Passini (2004) demonstram que a ideia de os alunos elaborarem mapas nem sempre é bem interpretada, pois, às vezes, são priorizadas atividades com mapas mudos, nos quais os alunos são orientados a colorir municípios, estados ou países, colocar nome em rios, países e outros elementos ou, ainda, reproduzir mapas a partir da cópia dos contornos. Para as autoras, essas tarefas não levam à formação dos conceitos relacionados à linguagem cartográfica, pois são mecanicistas. As autoras defendem que "fazer o mapa" na perspectiva da alfabetização cartográfica pressupõe o acompanhamento metodológico pelos alunos de todas as etapas do processo: reduzir proporcionalmente um objeto, estabelecer um sistema de signos e obedecer a um sistema de projeções. O trabalho com todas essas etapas, nem sempre tão simples de serem realizadas, viabiliza a familiarização com a linguagem cartográfica.

Assim, a proposta é a de que, inicialmente, os alunos confeccionem mapas de espaços que lhes são conhecidos, como o do bairro onde moram, do quarteirão da escola etc. Conforme Passini (2012), talvez esses primeiros mapas possam ser confusos, com mistura de perspectivas, dados agrupados de modo aleatório, escala não obedecendo à proporção nas reduções etc. Porém, essas representações fazem parte do desenvolvimento das habilidades de desenho dos alunos, e são mais significativas para a aquisição da linguagem cartográfica do que os mapas prontos para colorir ou inserir nomes. Nesse processo de elaborar um mapa, os alunos terão de realizar generalizações ao estabelecer uma classificação e selecionar as informações que necessitam ser mapeadas, o que os impulsiona a tomar consciência das informações, melhorando seu raciocínio lógico. Do mesmo modo, ao ter de reduzir o espaço à sua representação, os alunos percebem a necessidade da proporcionalidade para que não ocorram deformações (Almeida; Passini, 2004).

Nessa **fase inicial** da alfabetização cartográfica, são interessantes também as propostas que buscam representar o deslocamento espacial cotidiano dos alunos por meio dos desenhos de trajetos, como da casa para a escola, os quais apresentam uma estrutura básica de uma sequência espacial obtida em certo período de tempo (Pontuschka; Paganelli; Cacete, 2007).

Nessa proposta, os alunos são solicitados a desenhar o deslocamento que realizam cotidianamente, apresentando os elementos espaciais mais representativos para eles, como alguns comércios, parques, casa de um amigo etc., e, para isso, precisam de certas relações espaciais.

Para Pontuschka, Paganelli e Cacete (2007), com as crianças que estão nos primeiros anos do ensino fundamental, esse tipo de atividade permite que os alunos estabeleçam três tipos de relações:

(1) as **topológicas** (noções de junto e separado, de ordem, vizinhança, envolvimento e continuidade); (2) as **projetivas** (frente/atrás, direita/esquerda, em cima/em baixo); e (3) as **euclidianas** (lineares, das coordenadas retangulares e de graus), necessárias para a localização dos objetos no espaço tridimensional[ii].

Com o tempo, o professor deve ampliar a **complexidade** dos mapeamentos solicitados. Assim, pode requerer aos alunos que não desenhem casas e comércios (padarias, lojas de roupa, papelarias, sapatarias etc.) como elementos individualizados, mas que sejam criadas categorias para classificar e representar essas construções, por exemplo, moradia, serviços e comércio, evoluindo posteriormente para classificações mais detalhadas do uso da terra. As categorias têm de ser criadas pelos próprios alunos. O ideal é que, após a criação de categorias, o professor incentive os alunos a construírem seus próprios símbolos para representar as classes criadas, de modo que trabalhem e especifiquem o significado para o código nas legendas confeccionadas.

Passini (2012) demonstra que o ato de classificar é uma operação que exige **raciocínio lógico-matemático**, diferentemente do ato de simplesmente identificar cada elemento. Assim, a partir do momento em que o aluno consegue agrupar elementos por semelhança em categorias e representa isso em um mapa, ele está passando do nível elementar da alfabetização cartográfica para o

---

[ii]. Embora muitos estudiosos demonstrem que essa atividade é importante no início da alfabetização cartográfica, compreendemos que ela possa ser realizada também em qualquer fase da escolarização básica, porém, com outros objetivos, como avaliar o nível de abstração espacial dos alunos ou, ainda, o reconhecimento do espaço vivido, em uma perspectiva fenomenológica. Esses materiais confeccionados e que permitem o estudo do lugar da vivência (Castellar; Vilhena, 2011) são chamados de *mapas mentais*, os quais possibilitam compreender os valores que os indivíduos atribuem aos diversos lugares (Pontuschka; Paganelli; Cacete, 2007). É importante destacar que os desenhos de trajeto constituem uma das possibilidades de se trabalhar com os mapas mentais, pois estes envolvem também a representação dos lugares frequentados pelos alunos, como a rua da casa, os locais de lazer, o entorno da escola etc.

intermediário. Nessa fase, o aluno percebe quais elementos predominam em determinada área representada, sabendo como classificá-los para uma generalização. As atividades que exigem esse tipo de raciocínio auxiliam no desenvolvimento de habilidades de observação do espaço, levantamento de elementos, classificação, codificação, generalização e geração do mapa. De acordo com a referida autora, esse avanço nos níveis de leitura e elaboração de mapas é um dos objetivos da alfabetização cartográfica, pois inicia-se na leitura do espaço com elementos individualizados e pontuais a fim de avançar para uma percepção de conjunto das relações presentes no espaço (Passini, 2012).

No caminho para se avançar nos níveis de leitura e representação cartográfica, podemos utilizar também as ferramentas digitais disponíveis, como as do *Google Earth*, por exemplo, discutidas no Capítulo 4, ou outras, como o *software* grátis Marble[iii], por exemplo, que podem contribuir para uma maior apreensão do espaço pelos alunos nesse processo. Segundo Passini (2012), a informática é uma ferramenta que facilita aos alunos mapeadores coletarem informações, além de organizá-las e tratá-las; no entanto, é necessário que já tenham vivenciado essas atividades cognitivamente e que, ao realizá-las, sejam aplicados os conceitos trabalhados.

É importante ressaltar, no entanto, que o uso da informática ou o mapeamento de uma área por si só não garantem a produção de conhecimento geográfico. Por isso, é necessário sempre refletir sobre os encaminhamentos metodológicos adotados, de modo que as tarefas de mapeamento e leitura cartográfica não sejam mecanicistas, vazias e passivas, sem reflexões, pois corremos

---

iii. Esse *software* permite a visualização da superfície terrestre mediante representações plana e esférica em distintos *layouts*: atlas, ruas, satélite, Terra à noite, mapas históricos, precipitação e temperatura. Além da Terra, apresenta a visualização da Lua, com suas principais crateras e pontos elevados.

o risco de não propiciar os avanços esperados (Martinelli, 1999; Passini, 2012).

Tendo em vista os objetivos da alfabetização cartográfica, busca-se que os alunos realizem a passagem dos "mapas-desenhos", característicos do nível elementar, para mapas cartograficamente sistematizados, específicos do nível avançado. Nos encaminhamentos metodológicos da alfabetização cartográfica que intentam atingir o nível avançado, almeja-se a construção de uma visão de conjunto da organização dos elementos (Passini, 2012). Assim, no nível avançado, o aluno percebe que não é necessário desenhar um edifício para representá-lo em um mapa, pois ele compreende que pode utilizar as variáveis visuais da semiologia gráfica em sua representação cartográfica, já citadas anteriormente (ver figura na sequência).

Figura 6.1 – Alfabetização cartográfica: passagem do nível elementar ao avançado

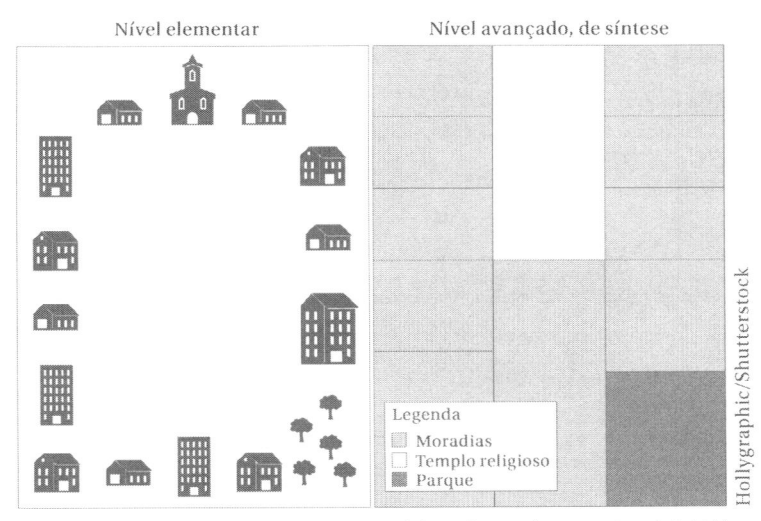

Fonte: Elaborado com base em Passini, 2012.

Além desse trabalho realizado com base no mapeamento efetuado pelos alunos sobre uma área conhecida, as atividades de elaboração de croquis a partir das fotografias aéreas verticais (Cazetta, 2003), apresentadas no quarto capítulo, também se configuram como uma proposta pertinente para se chegar ao nível avançado na alfabetização cartográfica. Nesse caso, os alunos devem estar familiarizados com esse tipo de informação e, com base nela, deverão identificar os elementos presentes na fotografia aérea vertical para, então, agrupá-los e representá-los por meio de generalizações, como a apresentada na Figura 6.1.

A atividade também pode empregar a técnica do *overlay* (papel transparente sobre a fotografia) para desenhar os traços de contorno das classes criadas a fim de agrupar os elementos identificados, sendo necessário o uso de convenções preelaboradas pelos alunos na passagem da fotografia aérea para o croqui (Pontuschka; Paganelli; Cacete, 2007).

> Pelo exposto, percebemos que o desenvolvimento das habilidades de mapeamento proporciona aos alunos a experiência da sistematização, o que permite que eles avancem nos níveis de compreensão do espaço que conhecem, elaborando uma segunda leitura. Ao desenvolverem as estruturas que relacionam os elementos espaciais aos códigos, os alunos conseguem articular significado e significante e, portanto, têm os meios para avançar na leitura e interpretação das informações contidas nos mais distintos tipos de mapas, dos mais simples aos mais complexos. Como afirma Passini (2012), antes de decodificar, os alunos têm de aprender a codificar, por isso a importância da alfabetização cartográfica.

Um último ponto que consideramos relevante se refere à importância que a aquisição da linguagem cartográfica tem para o desenvolvimento do raciocínio espacial dos alunos, uma das principais finalidades da disciplina de Geografia na educação básica, como vimos no primeiro capítulo. Como indica Almeida (1999), a cartografia é a principal linguagem da educação geográfica, por isso, para Passini (2012), sem ela não há como desenvolver a inteligência espacial.

Portanto, o que queremos salientar é que, a partir do momento em que os alunos conseguem interpretar a espacialidade dos elementos representados em um mapa, têm, do mesmo modo, as ferramentas para ler o espaço geográfico, em todas as suas escalas e relações.

6.2 Uso escolar do mapa

Como vimos no item 6.1, a leitura e a interpretação de mapas pressupõem que os alunos dominem o sistema semiótico que caracteriza a linguagem cartográfica. Como afirmam Almeida e Passini (2004), ao preparar os alunos para essa leitura, devemos ter atenção especial aos encaminhamentos metodológicos, assim como teríamos se os ensinássemos a ler e escrever ou a contar e fazer cálculos matemáticos. Professores de Geografia necessitam ter muito claro que os alunos vão à escola para aprender também a ler mapas, haja vista sua importância para o desenvolvimento de determinados raciocínios e habilidades, bem como no cotidiano de todos. Devemos lembrar que a cartografia é a principal linguagem da educação geográfica (Almeida, 1999).

Sabemos que o mapa, seja ele digital, seja impresso, é utilizado cotidianamente pela população, em geral em viagens, consulta de roteiros e trajetos, localização de residências ou estabelecimentos comerciais e de serviços, itinerários de ônibus etc. É muito provável que você já tenha utilizado mapas em um dos casos citados ou em outros. Podemos citar, ainda, o uso desse material pelas empresas, por exemplo, na definição das melhores rotas de escoamento de um produto ou para a instalação de uma nova unidade; ou, ainda, nos órgãos públicos, em que a análise do mapeamento dos equipamentos urbanos já existentes é fundamental para a definição de novos investimentos.

Como podemos perceber pelos poucos exemplos citados, a linguagem cartográfica está presente em vários âmbitos de nossa vida e, por isso, o mapa é uma ferramenta importante para aqueles que desejam realizar deslocamentos mais racionais, utilizar circulações alternativas em caso de congestionamentos ou bloqueios de trânsito, ou, ainda, conhecer melhor o imóvel que irão adquirir ou alugar (Almeida; Passini, 2004).

Em razão disso e da relevância da preocupação com os encaminhamentos metodológicos necessários para se alcançar as habilidades de leitura e interpretação de mapas, apresentaremos na sequência algumas sugestões básicas para o trabalho com mapas no âmbito da disciplina de Geografia escolar, além das indicadas no tópico anterior, referente aos níveis da alfabetização cartográfica. Nesse ponto, vamos nos pautar nas atividades analíticas que podem ser realizadas com os mapas existentes em livros, atlas, painéis etc.

Ressaltamos que as possibilidades não se esgotam nas indicações apresentadas, pelo contrário, elas devem servir apenas como inspiração para a ampliação das propostas de trabalho de cada professor em sala de aula, o qual deve pensar na criação de mecanismos que insiram de maneira ampliada a linguagem cartográfica no ensino da Geografia escolar.

Como indicam Almeida e Passini (2004), a **leitura de mapas** é um processo que se inicia com a sua decodificação, a qual envolve algumas etapas metodológicas. Assim, a leitura tem início pela observação do título, pois temos de saber qual é o espaço representado e que tipo de informações o mapa nos traz: é um mapa hidrográfico? Hipsométrico? De densidade populacional? De que lugar?

Em se tratando de elementos que apresentam transformações em curto espaço de tempo, é necessário também saber o **marco temporal** das informações. Portanto, no caso de um mapa de densidade demográfica, é necessário saber de quando são as informações, para que possamos situar espacial e temporalmente o fenômeno representado. Por exemplo, nos municípios brasileiros, a densidade demográfica de 1991 é diferente da de 2010, por uma série de fatores.

Em relação à localização dos fenômenos representados, compreendemos que a análise do *grid* **de coordenadas**, em conjunto com o título, fornece elementos suficientes para determinar o lugar que está sendo analisado. Frequentemente, esse elemento cartográfico é negligenciado não somente nas análises, mas também nas próprias representações de livros didáticos. Não raros são os casos de ilustrações denominadas *mapas* que não apresentam o *grid* de coordenadas.

Dessa forma, podemos trabalhar a questão locacional e outros elementos inerentes, ou seja, por meio das coordenadas indicadas em um mapa conseguimos identificar com os alunos em quais hemisférios o fenômeno representado se encontra e, a partir disso, verificar as implicações da localização. Por exemplo, em um mapa que apresenta como título o nome de uma ilha e que traz o *grid* de coordenadas indicando altas latitudes, conseguimos apreender que o clima dessa localidade é frio.

Também devemos orientar os alunos a observarem a **legenda**, relacionando os significantes aos significados dos signos presentes nela. Por exemplo, compreender que as linhas azuis indicadas na legenda representam a hidrografia no mapa – e que todas as linhas azuis presentes no mapa que os alunos estão analisando são, na realidade, rios.

Outra questão referente à legenda é que esta apresenta as convenções cartográficas, ou seja, símbolos e cores definidos para representar sempre os mesmos fenômenos ou elementos, com os quais os alunos devem se familiarizar para que avancem nas análises. Dessa forma, ao utilizar mapas em sala de aula, é pertinente que chamemos a atenção dos alunos para os símbolos e as cores mais recorrentemente utilizados, como o azul para a hidrografia, as linhas vermelhas para rodovias, os polígonos verdes para as áreas de vegetação, estrelas para capitais de países, círculos para cidades etc.

Almeida e Passini (2004) demonstram que, além dessa decodificação da legenda, necessitamos fazer também uma **leitura** dos significantes/significados distribuídos no mapa, procurando refletir sobre a distribuição e a organização espacial observada. No exemplo citado no parágrafo anterior, caso fosse uma representação cartográfica do Brasil, seria importante refletir sobre o motivo de haver uma grande quantidade de rios temporários na região Nordeste. Vale lembrar que sempre devemos buscar esse tipo de análise, pois a leitura do mapa não se resume à decodificação, afinal, ela é apenas o processo inicial (Passini, 2012).

Necessitamos utilizar o mapa também para trabalhar **orientação** com os alunos. Em todos os mapas encontramos a representação de uma rosa dos ventos ou a indicação de uma seta para o norte. É importante que, além de os alunos conseguirem verificar os pontos cardeais e colaterais em um mapa, possam, do mesmo modo, compreender que a orientação é relativa. Nesse sentido, determinado elemento geográfico pode estar ao norte, mas isso não significa que ele estará sempre nessa posição, pois depende do que estamos considerando como referencial.

Dessa forma, por exemplo, o Estado do Paraná localiza-se ao norte de Santa Catarina, mas também está situado ao sul de São Paulo; ou, ainda, Goiás está a oeste de Minas Gerais, mas também ao leste de Mato Grosso. Essa relatividade da posição deve ser empregada para evidenciar aos alunos que o fato de o norte estar quase sempre apontado para cima é apenas uma convenção cartográfica na representação e que, por isso, devemos considerar cada elemento em relação aos demais.

Outro aspecto referente ao uso da rosa dos ventos como meio para trabalhar as noções de orientação diz respeito à maneira como posicionamos o mapa na sala no momento da explicação. Se utilizamos o mapa apenas pendurado verticalmente, perdemos a oportunidade de trabalhar com esse material de uma maneira geograficamente mais didática, pois será considerada apenas a convenção cartográfica que define o norte indicado para cima.

Assim, uma proposta bastante interessante é a de situar o mapa utilizando a orientação, ou seja, colocá-lo no meio da sala de aula horizontalmente sobre uma carteira, ajustando sua posição de acordo com os pontos cardeais dos referenciais da realidade.

Por exemplo, se estamos trabalhando com um mapa do município em que estão indicados os parques, colocamos o mapa orientado de maneira que os alunos consigam constatar para que direção ficam os elementos representados. Esse exercício constante com os alunos ajuda-os a desenvolver as noções de orientação para além da que identifica os pontos cardeais e colaterais em um mapa, afinal, eles realizarão esse exercício utilizando os referenciais de seu entorno, tornando a aprendizagem mais significativa.

Outro ponto necessário para ser observado nos mapas é a **escala gráfica** ou numérica indicada na representação. O cálculo das distâncias ou do tamanho dos elementos representados permite estabelecer comparações e realizar interpretações (Almeida; Passini, 2004).

Assim, por exemplo, necessitamos trabalhar com nossos alunos as noções escalares, demonstrando que quanto maior a escala cartográfica indicada, menor é a área representada e, por isso, maiores serão os detalhes, sendo o inverso também verdadeiro.

Podemos utilizar em sala de aula, por exemplo, dois mapas com escalas distintas do município onde os alunos residem para que analisem as diferenças na representação, a quantidade de detalhes em cada um deles, entre outras possibilidades[iv]. Além disso, conforme salientam Almeida e Passini (2004), ao trabalhar com escalas, temos de indicar os motivos de se optar por uma ou outra escala, quais os objetivos da escolha etc. Segundo as autoras, o leitor deve ter em mente as generalizações decorrentes de cada escala, para que, ao reverter o processo de representação para o espaço físico real, não deixe de considerá-las.

No trabalho de decodificação dos mapas, também devemos analisar conjuntamente com os alunos as **fontes de informação** que originaram a representação. Embora a maioria dos mapas utilizados nas escolas seja confeccionada com base em fontes confiáveis, como o Instituto Brasileiro de Geografia e Estatística

---

iv. Podemos utilizar o trabalho com escalas para inserir também a discussão sobre diferentes produtos cartográficos, como plantas, cartas e mapas, em que cada um tem uma escala que o caracteriza. Outra possibilidade que pode auxiliar no entendimento da noção de *escala*, principalmente no ensino fundamental, é o uso de barbante ou fio para exemplificar a relação entre os tamanhos real e da representação. Nesse caso, o professor pode utilizar o barbante para verificar o tamanho da sala e, conforme o número de vezes que reduz esse tamanho, dobrando-o, tem-se a escala. Por exemplo, se o barbante é dobrado ao meio quatro vezes, temos que a escala de uma determinada parede é 1:4, ou seja, a realidade foi reduzida quatro vezes para que se pudesse adequar ao mapeamento. No que se refere ao mapeamento de uma sala, deve-se manter a mesma escala (mesma quantidade de vezes de dobradura do barbante) para cada superfície considerada.

(IBGE), é pertinente que realizemos esse tipo de análise por dois motivos. O primeiro é que, com a recorrência da análise, os alunos poderão constatar que determinados órgãos ou instituições podem ser fontes para pesquisas futuras, pois saberão que tipos de dados são disponibilizados por essas instituições. Em segundo, ao se depararem com um mapa em um jornal, revista, página de internet ou outro meio, terão as ferramentas necessárias para verificar se as fontes que foram utilizadas na representação cartográfica são confiáveis. Vale ressaltar que dados tendenciosos podem repercutir em análises deturpadas da realidade.

Com base em todas essas etapas de análise dos mapas, podemos encaminhar os alunos para um questionamento pertinente a respeito do que foi observado: O que o mapa revelou? Concordamos com Martinelli (1999) quando o autor afirma que, no momento em que os alunos conseguirem responder a essa questão, está confirmada a participação do mapa na construção do conhecimento. Nesse ponto, os alunos demonstrarão que a linguagem cartográfica foi apreendida e está sendo utilizada para o entendimento do espaço geográfico.

No entanto, para alcançar esse resultado, é primordial que o mapa faça parte do cotidiano da sala de aula. Ressaltamos que a compreensão da linguagem cartográfica ocorre mediante um trabalho desenvolvido durante toda a escolarização, e não somente em determinados momentos. Dessa forma, se queremos que os alunos saibam ler e interpretar mapas, devemos ultrapassar uma velha prática que considera que mapas só devem analisados pelos alunos quando trabalhamos os conteúdos de cartografia, como escala, coordenadas geográficas, projeções cartográficas etc., já citados por Castellar e Vilhena (2011). O mapa deve ser sempre utilizado e analisado, até porque é o material que caracteriza a Geografia escolar na visão de muitos alunos, como vimos no primeiro capítulo. Se é um material que a caracteriza, deve ser apropriado e utilizado didaticamente para atingir os objetivos dessa disciplina e instrumentalizar os alunos para a compreensão da linguagem cartográfica.

Síntese

Neste capítulo, discutimos a importância da alfabetização cartográfica para a leitura e a interpretação de mapas. Nesse sentido, constatamos que a *alfabetização cartográfica* é uma expressão empregada para explicar o processo de aprendizagem da cartografia como linguagem, com o objetivo de tornar o sujeito um leitor eficiente de diferentes tipos de representação cartográfica. Para que isso ocorra, deve-se priorizar metodologicamente as atividades que buscam fazer com que os alunos avancem nos níveis de alfabetização, almejando-se o nível avançado, ou seja, o de síntese.

Quanto aos mapas, considerados materiais imprescindíveis no ensino de geografia, verificamos que há a necessidade de se analisar todos os seus elementos, como título, legenda, orientação, escala, *grid* de coordenadas e fonte dos dados. Além disso, defendemos que a análise dos mapas não deve ser efetuada somente em determinados momentos, mas no decorrer de toda a escolarização.

Indicação cultural

IBGE – Instituto Brasileiro de Geografia e Estatística. **Meu 1º Atlas**. 4. ed. Rio de Janeiro: IBGE, 2012. Disponível em: <http://biblioteca.ibge.gov.br/visualizacao/livros/liv64824.pdf>. Acesso em: 6 mar. 2016.

O material, ricamente ilustrado, destina-se a alunos do ensino fundamental. Por meio da história de dois personagens, explica questões relacionadas à orientação e à cartografia em uma linguagem simples e que instiga a curiosidade. Como há várias situações que remetem ao processo de construção de mapas, é um material relevante para a alfabetização cartográfica, podendo ser utilizado em várias séries do ensino fundamental e em inúmeros momentos. Está disponível nas versões impressa e digital.

Atividades de autoavaliação

1. Nos últimos anos, tem ganhado notoriedade a discussão sobre a alfabetização cartográfica. A respeito do assunto, identifique as afirmativas a seguir como verdadeiras (V) ou falsas (F):

    ( ) Pressupõe a utilização de atlas e mapas de escala pequena desde o início da escolarização, para que os alunos familiarizem-se com a cartografia.

    ( ) A expressão é adotada para explicar o processo de aprendizagem da cartografia como linguagem.

    ( ) É o processo pelo qual há a aquisição de habilidades que permitem ao sujeito ler o espaço, representá-lo e tornar-se um leitor eficiente de diferentes tipos de representações cartográficas.

    ( ) Defende que, para serem bons leitores de mapas, os alunos devem inicialmente produzir seus próprios mapas. Por isso, destacam-se as atividades de cópia de contornos de mapas.

    ( ) A expressão indica o processo de aquisição das técnicas de mapeamento, em especial as que utilizam a informática.

Agora, assinale a alternativa que corresponde à sequência correta:
a) F, V, V, F, F.
b) V, F, F, V, V.
c) F, V, V, V, F.
d) V, F, F, F, V.

2. Na alfabetização cartográfica, busca-se que os alunos realizem a passagem do nível elementar para o avançado. Considerando-se o assunto e as atividades em que os alunos confeccionam mapas, assinale a alternativa correta:
a) A passagem do nível elementar para o avançado significa que os alunos conseguem realizar mapeamentos com uma grande quantidade de detalhes, em que cada elemento é representado individualmente.
b) A passagem do nível elementar para o avançado demonstra que os alunos se apropriaram de determinadas noções da cartografia e, por isso, conseguem utilizar inúmeros símbolos pictóricos para representar cada elemento da paisagem.
c) A passagem do nível elementar para o avançado significa que os alunos não realizam mais os "mapas-desenho", mas mapas cartograficamente sistematizados que apresentam uma visão de conjunto dos elementos.
d) A passagem do nível elementar para o avançado ocorre quando os alunos conseguem utilizar várias cores e símbolos em suas representações cartográficas, em especial nas de pequena escala.

3. Tendo em vista que a cartografia é a principal linguagem da educação geográfica, os elementos que compõem os mapas devem ser analisados cuidadosamente com os alunos, de modo que sejam compreendidos e interpretados. A respeito do assunto, identifique as afirmativas a seguir como verdadeiras (V) ou falsas (F):

( ) A análise dos elementos que compõem os mapas deve ser realizada sobretudo durante o trabalho com os conteúdos referentes à cartografia.

( ) O título é um elemento importante na análise cartográfica, pois por meio dele é possível se obter algumas informações a respeito da área representada.

( ) O *grid* de coordenadas, embora seja um elemento cartográfico, raramente é utilizado na leitura de mapas, pois fornece apenas informações de latitude e longitude, não relevantes para uma análise geográfica da área representada.

( ) A escala gráfica ou numérica necessita ser analisada. O cálculo das distâncias ou do tamanho dos elementos representados permite estabelecer comparações e realizar interpretações.

( ) As fontes de informação que geram os mapas são elementos secundários na representação. Por isso, não necessitam ser consideradas nas análises cartográficas realizadas em sala de aula.

Agora, assinale a alternativa que corresponde à sequência correta:
a) V, F, F, F, V.
b) F, V, V, F, V.
c) V, F, V, V, F.
d) F, V, F, V, F.

4. Partindo do pressuposto de que a legenda é um importante elemento cartográfico, assinale a alternativa correta:
   a) Esse elemento cartográfico permite interpretar as convenções cartográficas, ou seja, símbolos e cores utilizados individualmente por cada cartógrafo.
   b) A legenda tem como objetivo relacionar os significantes aos significados dos signos nela presentes. Serve para os alunos decodificarem os elementos representados.
   c) Pela legenda é possível identificar a localização de um elemento representado, por isso sua importância para a análise cartográfica.
   d) Esse elemento cartográfico, apesar de importante, é negligenciado na maioria das representações cartográficas presentes em livros didáticos.

5. A respeito da orientação presente em mapas, identifique as afirmativas a seguir como verdadeiras (V) ou falsas (F):
   ( ) A orientação pode ser obtida mediante a análise da rosa dos ventos, em que estão presentes os pontos cardeais e colaterais, ou uma seta com indicação para o norte.
   ( ) O trabalho com orientação nos mapas permite aos alunos compreenderem que ela é absoluta, ou seja, ao identificar que um elemento está ao norte de outro, ele sempre estará ao norte de qualquer outro elemento.
   ( ) A melhor forma de se trabalhar orientação com os alunos é utilizando a rosa do ventos fixada verticalmente, pois facilita a visualização desse elemento cartográfico e permite que os alunos desenvolvam noções de direção de acordo com os pontos cardeais e colaterais.
   ( ) É sempre interessante que o professor utilize referenciais conhecidos pelos alunos para trabalhar as noções de

orientação. Ao utilizar um mapa fixado horizontalmente, pode orientá-lo de acordo com os pontos cardeais e colaterais e, assim, determinar a direção dos referenciais conhecidos dos alunos.

( ) A orientação, possível de ser obtida com base na análise da rosa dos ventos, permite definir a localização precisa de um ponto na superfície terrestre.

Agora, assinale a alternativa que corresponde à sequência correta:

a) V, V, F, F, V.
b) F, F, V, V, V.
c) V, F, F, V, F.
d) F, V, V, F, F.

Atividades de aprendizagem

Questões para reflexão

1. Neste capítulo, muito se discutiu sobre a importância da alfabetização cartográfica para a aquisição da linguagem cartográfica, habilidade essencial para a leitura e a interpretação de mapas. No entanto, em alguns casos, os professores não têm dado a devida atenção ao tema e, por isso, alunos têm chegado ao ensino médio sem noções, mesmo que mínimas, dessa linguagem. Diante dessa problemática, reflita sobre estratégias que poderiam ser utilizadas com esses alunos de modo que lhes fosse possível adquirir a linguagem cartográfica em um período tão curto. Anote suas propostas e as discuta com seu grupo de estudos. Posteriormente, organizem um material com as principais ideias da discussão sistematizadas.

2. Lembre-se de quando era estudante na educação básica e como os professores de Geografia utilizavam com os alunos os mapas em sala de aula. Relembre os principais procedimentos e reflita se a metodologia utilizada favorecia o desenvolvimento das habilidades de leitura e interpretação de mapas. Anote suas ideias e as discuta com seu grupo de estudos.

Atividade aplicada: prática

Com a permissão da direção e da equipe pedagógica de uma escola, selecione um grupo de estudantes dos ensinos fundamental e médio e solicite a eles que desenhem o trajeto da casa para a escola. Oriente-os sobre a necessidade do uso da proporção, da generalização, da criação de símbolos etc. Após o término da atividade, analise os resultados e verifique os níveis de alfabetização cartográfica obtidos, classificando-os em elementar, intermediário e avançado. Observe se os níveis de alfabetização se relacionam com as etapas de escolarização.

Considerações finais

Ao final desta obra, acreditamos ter contribuído com discussões que permitam uma reflexão sobre o ensino de Geografia na contemporaneidade, especificamente na educação básica. Temos a consciência de que o exposto está longe de esgotar o tema e apresentar respostas prontas para as situações com que nos deparamos no cotidiano escolar, até porque esse não foi o objetivo. Ao contrário, buscamos apresentar situações que permitissem a reflexão sobre a temática, de modo que pensar sobre o *como ensinar* seja um processo contínuo.

Nesse sentido, vimos que o *como ensinar* é tão importante quanto *o que ensinar* e perpassa por questões bastante amplas, as quais abrangem a concepção de Geografia que temos, a definição clara de objetivos, o planejamento, a intencionalidade didático-pedagógica da prática docente, entre outros aspectos que permeiam o cotidiano escolar. Por isso, defendemos que a questão com que iniciamos este livro deve estar sempre presente em nossa prática. Ao não refletir sobre ela, corremos o risco de executar uma prática docente destituída de ligação com o processo de aprendizagem dos alunos, afinal, o *como ensinamos* tem repercussões diretas em *como os alunos aprendem*.

Esperamos que você utilize esta obra apenas como um pontapé inicial e que avance continuamente em propostas de ensino que não somente contribuam para o desenvolvimento dos raciocínios espacial e escalar dos alunos, mas que também demonstrem a importância que os conhecimentos geográficos têm para a vida deles em sociedade. Esse é um desafio que fazemos a você e esperamos que o aceite!

Referências

ADAS, M. **Geografia**: o mundo subdesenvolvido. 5. ed. São Paulo: Moderna, 2006.

ALBUQUERQUE, M. A. M. de. Dois momentos na história da geografia escolar: a geografia clássica e as contribuições de Delgado de Carvalho. **Revista Brasileira de Educação em Geografia**, Rio de Janeiro, v. 1, n. 2, p. 19-51, jul./dez., 2011.

ALMEIDA, A. C. de; REIS, A. de O. N.; FERREIRA, M. S. A mídia impressa local: construindo e reconstruindo visões em sala de aula. In: KATUTA, Â. M. et al. (Org.). **Geografia e mídia impressa**. Londrina: Moriá, 2009. p. 149-167.

ALMEIDA, R. D. de. Podemos estabelecer paralelos entre o ensino da leitura e escrita e o ensino de mapas? **Boletim de Geografia**, Maringá, v. 17, n. 1, p. 131-133, 1999.

ALMEIDA, R. D. de; PASSINI, E. Y. **O espaço geográfico**: ensino e representação. 13. ed. São Paulo: Contexto, 2004. (Coleção Repensando a Geografia).

ANDRADE, M. C. de. **Geografia, ciência da sociedade**: uma introdução à análise do pensamento geográfico. São Paulo: Atlas, 1987.

AZEVEDO, A. de. **Geografia do Brasil**: quarta série ginasial. 65. ed. São Paulo: Companhia Editora Nacional, 1958.

BARBOSA, J. L. Geografia e cinema: em busca de aproximações e do inesperado. In: CARLOS, A. F. A. (Org.). **A geografia na sala de aula**. 9. ed., 2. reimpr. São Paulo: Contexto, 2013. p. 109-133. (Coleção Repensando o Ensino).

BASTOS, A. R. V. R. **Espaço e literatura**: algumas reflexões teóricas. Rio de Janeiro: UFRJ, 1998.

BERALDI, F. B.; FERRAZ, C. B. de O. Diálogo necessário entre a geografia e a literatura infantil nas séries iniciais do ensino fundamental. **Para onde!?**, Porto

Alegre, v. 6, n. 2, p. 188-196, jul./dez. 2012.

BORGES FILHO, O. **Espaço & literatura**: introdução à topoanálise. São Paulo: Ribeirão, 2007.

BRAMBILA, J. E. M.; OLIVEIRA, R. M. G.; FRANCO, S. A. P. Leitura de charges: um projeto de intervenção para o ensino de geografia na educação básica. In: COLÓQUIO INTERNACIONAL DE EDUCAÇÃO, 4., 2014, Joaçaba. **Anais...** Joaçaba: Universidade Oeste de Santa Catarina, 2014. v. 2. p. 887-899.

BRANDÃO, M. A. (Org.). **Milton Santos e o Brasil**: território, lugares e saber. São Paulo: Fundação Perseu Abramo, 2004. (Coleção Pensamento Radical).

BRASIL, T. P. de S. **Compendio elementar de geographia geral e especial do Brasil**. 4. ed. Rio de Janeiro: Eduardo & Henrique Laemmert, 1864.

BRASIL. Conselho Federal de Educação. Parecer n. 853, de 12 de novembro de 1971. **Documenta n. 132**, Rio de Janeiro, nov. 1971a. Disponível em: <http://www.histedbr.fe.unicamp.br/navegando/fontes_escritas/7_Gov_Militar/resolu%E7%E3o%20n.%208-1971fixa%20o%20n%FAcleo%20comum....pdf>. Acesso em: 7 mar. 2016.

BRASIL. Conselho Federal de Educação. Resolução n. 8, de 1º de dezembro de 1971, **Diário Oficial da União**, Poder Legislativo, Brasília, DF, 17 dez. 1971b. Disponível em: <http://www.histedbr.fe.unicamp.br/navegando/fontes_escritas/7_Gov_Militar/resolu%E7%E3o%20n.%208-1971fixa%20o%20n%FAcleo%20comum....pdf>. Acesso em: 7 mar. 2015.

BRASIL. Lei n. 4.024, de 20 de dezembro de 1961. **Diário Oficial da União**, Poder Legislativo, Brasília, DF, 27 dez. 1961. Disponível em: <http://www.planalto.gov.br/CCIVIL_03/leis/L4024.htm>. Acesso em: 8 mar. 2016.

BRASIL. Lei n. 5.692, de 11 de agosto de 1971. **Diário Oficial da União**, Poder Legislativo, Brasília, DF, 12 ago. 1971c. Disponível em: <http://www.planalto.gov.br/ccivil_03/leis/L5692.htm>. Acesso em: 8 mar. 2016.

BRASIL. Lei n. 9.394, de 20 de dezembro de 1996. **Diário Oficial da União**, Poder Legislativo, Brasília, DF, 23 dez. 1996. Disponível em: <https://www.planalto.gov.br/ccivil_03/Leis/L9394.htm>. Acesso em: 8 mar. 2016.

BRASIL. Lei n. 9.610, de 19 de fevereiro de 1998. **Diário Oficial da União**, Poder Legislativo, Brasília, DF, 20 fev. 1998. Disponível em: <http://www.planalto.gov.br/ccivil_03/leis/L9610.htm>. Acesso em: 8 mar. 2016.

CABRAL, M. da V. **Geografia da América**. 6. ed. Rio de Janeiro: Paulo de Azevedo Ltda., 1961.

CALLAI, H. C. A geografia e a escola: muda a geografia? Muda o ensino? **Terra Livre**, São Paulo, n. 16, p. 133-152, 2001.

CAMPOS, R. R. de. Cinema, geografia e sala de aula. **Estudos Geográficos**, Rio Claro, SP, v. 4, n. 1, p. 1-22, jun. 2006.

CARMO, W. R. do. **Cartografia tátil escolar**: experiências com a construção de materiais didáticos e com a formação continuada de professores. 123 f. Dissertação (Mestrado em Geografia) – Universidade de São Paulo, São Paulo, 2009.

CARNEIRO, S. M. M. Importância educacional da geografia. **Educar**, Curitiba, n. 9, p. 121-125, jan./dez. 1993.

CARVALHO, A. L. P. A relação entre conteúdo acadêmico e conteúdo escolar no ensino da geografia (algumas considerações sobre). **Revista Paranaense de Geografia**, Curitiba, n. 5, p. 73-79, 2000.

CARVALHO, D. de. A excursão geográfica. **Revista Brasileira de Geografia**, Rio de Janeiro, IBGE, v. 3, n. 4, p. 864-873, out./dez. 1941.

CASAL, M. A. de. **Corografia Brasílica**. Fac-símile da edição de 1817. Rio de Janeiro: Imprensa Nacional, 1947. (Coleção de Obras Raras do Instituto Nacional do Livro, do Ministério da Educação e Saúde).

CASTELLAR, S.; VILHENA, J. **Ensino de geografia**. São Paulo: Cengage Learning, 2011. (Coleção Ideias em Ação).

CAVALCANTE, M. I.; NASCIMENTO, L. A. do. Literatura e geografia: uma abordagem do espaço em "A mulher que comeu o amante". **Espaço em Revista**, Catalão, v. 11, n. 1, p. 99-115, jan./jun. 2009.

CAVALCANTI, L. de S. **Geografia e práticas de ensino**. Goiânia: Alternativa, 2002.

CAVALCANTI, L. de S. **Geografia, escola e construção de conhecimentos**. 18. ed. Campinas: Papirus, 2014. (Coleção Magistério: Formação e Trabalho Pedagógico).

CAZETTA, V. As fotografias aéreas verticais como uma possibilidade na construção de conceitos no ensino de geografia. **Caderno Cedes**, Campinas, v. 23, n. 60, p. 210-217, ago. 2003.

COCCIA, C. A. et al. Experiências didáticas com o jornal impresso. In: KATUTA, Â. M. et al. (Org.). **Geografia e mídia impressa**. Londrina: Moriá, 2009. p. 169-186.

CORRÊA, R. L. Espaço, um conceito-chave da geografia. In: CASTRO, I. E. de; GOMES, P. C. da C.; CORRÊA, R. L. (Org.). **Geografia**: conceitos e temas. 10. ed. Rio de Janeiro: Bertrand Brasil, 2007. p. 15-47.

CORREIA, M. A. **Representação e ensino:** as músicas nas aulas de geografia – emoção e razão nas representações geográficas. 110 f. Dissertação (Mestrado em Geografia) – Universidade Federal do Paraná, Curitiba, 2009.

COSTA, A. P. Ensino de geografia e mídia: relato de uma experiência em sala de aula. In: KATUTA, Â. M. et al. (Org.). **Geografia** e mídia impressa. Londrina: Moriá, 2009. p. 187-195.

FERREIRO, E. **Alfabetização em processo**. São Paulo: Cortez, 1992.

FIGUEIRA, D. G. **História**. São Paulo: Ática, 2000.

JOLY, F. **A cartografia**. 6. ed. Campinas: Papirus, 2004.

KAERCHER, N. A. Geografizando o jornal e outros cotidianos: práticas em geografia para além do livro didático. In: CASTROGIOVANNI, A. C. (Org.). **Ensino de geografia**: práticas e textualizações no cotidiano. 5. ed. Porto Alegre: Mediação, 2006. p. 135-169.

KATUTA, Â. M. Geografia, linguagens e mídia impressa. In: KATUTA, Â. M. et al. (Org.). **Geografia e mídia impressa**. Londrina: Moriá, 2009. p. 37-57.

KONDER, L. **O que é dialética**. 28. ed. São Paulo: Brasiliense, 2014. (Coleção Primeiros Passos).

KROPOTKIN, P. **O que a geografia deve ser**. Ensaio originalmente publicado in: The Nineteenth Contury, XXI, Londres, dezembro de 1885. Tradução de José William Vesentini. Disponível em: <http://www.geocritica.com.br/texto08.htm>. Acesso em: 31 out. 2015.

LACOSTE, Y. **A geografia**: isso serve, em primeiro lugar, para fazer a guerra. 19. ed. Campinas: Papirus, 2012.

LIBÂNEO, J. C. **Didática**. 2. ed. São Paulo: Cortez, 2013.

MALYSZ, S. T. Estudo do meio. In: PASSINI, E. Y.; PASSINI, R.; MALYSZ, S. T. (Org.). **Prática de ensino de geografia e estágio supervisionado**. 2. ed. São Paulo: Contexto, 2011. p. 171-177.

MARANDOLA JUNIOR, E.; GRATÃO, L. H. B. (Org.). **Geografia e literatura**: ensaios sobre geograficidade, poética e imaginação. Londrina: Eduel, 2010.

MARTINELLI, M. Alfabetização cartográfica. **Boletim de Geografia**,

Maringá, v. 17, n. 1, p. 134-135, 1999.

MIRANDA, M. Sequendus Aristoteles. Da Ciência e da Natureza na Ratio Studiorum (1599). **Humanitas**, Coimbra, n. 61, p. 179-190, 2009.

MONBEIG, P.; AZEVEDO, A. de; CARVALHO, M. da C. V. de. O ensino secundário da geografia. **Geografia**, São Paulo, n. 4, 1935.

MONTEIRO, C. A. de F. **O mapa e a trama**: ensaios sobre o conteúdo geográfico em criações romanescas. Florianópolis: UFSC, 2002.

MOREIRA, T. de A. Ensino de geografia com o uso de filmes no Brasil. **Revista do Departamento de Geografia – USP**, São Paulo, v. 23, p. 55-82, 2012.

MUSSOI, A. B. **A fotografia como recurso didático no ensino de geografia**. Programa de Desenvolvimento Educacional do Paraná. Guarapuava: Seed-PR; Unicentro, 2008.

NADAI, E. Estudos Sociais no 1º Grau. **Em Aberto**, Brasília, ano 7, n. 37, p. 1-16, jan./mar. 1988.

PARANÁ. Secretaria de Estado da Educação. **Diretrizes curriculares da educação básica**: Geografia. 2008. Disponível em: <http://www.educadores.diaadia.pr.gov.br/arquivos/File/diretrizes/dce_geo.pdf>. Acesso em: 7 mar. 2016.

PASSINI, E. Y. **Alfabetização cartográfica e a aprendizagem de geografia**. São Paulo: Cortez, 2012.

PASSINI, E. Y. O que significa a alfabetização cartográfica? **Boletim de Geografia**, Maringá, v. 17, n. 1, p. 125-130, 1999.

PASSINI, E. Y. (Org.). **Alfabetização cartográfica**: vivência de uma pesquisa-ação crítico colaborativa. Maringá: Eduem, 2009. (Coleção Fundamentum; 53).

PEREIRA, D. Geografia escolar: identidade e interdisciplinaridade. In: CONGRESSO BRASILEIRO DE GEÓGRAFOS,

5., 1994, Curitiba. **Anais...** Curitiba: AGB, 1994. p. 76-83.

PEREIRA, S. S. A música no ensino de geografia: abordagem lúdica do semiárido nordestino – uma proposta didático-pedagógica. **Geografia Ensino & Pesquisa**, Santa Maria, RS, v. 16, n. 3, p. 137-148, set./dez. 2012.

PINHEIRO, E. A. et al. O Nordeste brasileiro nas músicas de Luiz Gonzaga. **Caderno de Geografia**, Belo Horizonte, v. 14, n. 23, p. 103-111, 2. sem. 2004.

PONTUSCHKA, N. N.; PAGANELLI, T. I.; CACETE, N. H. **Para ensinar e aprender geografia**. São Paulo: Cortez, 2007. (Coleção Docência em Formação. Série Ensino Fundamental).

REZENDE, D. F. et al. O uso de materiais didáticos no ensino de climatologia. **Revista Geonorte**, Edição Especial 2, v. 1, n. 5, p. 207-217, 2012.

ROCHA, G. O. R. da. **A trajetória da disciplina Geografia no currículo escolar brasileiro (1837-1942)**. 299 f. Dissertação (Mestrado em Educação) – Pontifícia Universidade Católica de São Paulo, São Paulo, 1996.

SANTOS, M. **Metamorfoses do espaço habitado**: fundamentos teóricos e metodológicos da geografia. 6. ed. São Paulo: Edusp, 2008.

SILVA, E. I. da. Charge, cartum e quadrinhos: linguagem alternativa no ensino de geografia. **Revista Solta a Voz**, Goiânia, v. 18, n. 1, p. 41-49, 2007.

SILVA, I. A.; BARBOSA, T. O ensino de geografia e a literatura: uma contribuição estética. **Caminhos da Geografia**, Uberlândia, v. 15, n. 49, p. 80-89, mar. 2014.

SILVA, M. M. da. **O uso da linguagem musical no ensino de geografia**. 73 f. Monografia (Trabalho de Conclusão de Curso em Geografia) – Universidade Federal do Paraná, Curitiba, 2013.

SIMIELLI, M. E. R. et al. Do plano ao tridimensional: a maquete como recurso didático. **Boletim**

Paulista de Geografia, São Paulo, n. 70, p. 5-21, 1991.

SIMIELLI, M. E. R.; GIRARDI, G.; MORONE, R. Maquete de relevo: um recurso didático tridimensional. **Boletim Paulista de Geografia**, São Paulo, n. 87, p. 131-148, 2007.

SOUSA, R. R. de. Oficina de maquete de relevo: um recurso didático. **Terrae Didática**, Campinas, v. 10, n. 1, p. 22-28, 2014.

SOUZA, T. T. de; PEZZATO, J. P. A geografia escolar no Brasil: de 1549 até 1960. In: GODOY, P. R. T. de (Org.). **História do pensamento geográfico e epistemologia em geografia**. São Paulo: Unesp; Cultura Acadêmica, 2010. p. 71-88.

TEIXEIRA, A. L.; FREDERICO, I. da C. Práticas interdisciplinares no ensino de geografia. In: ENCONTRO NACIONAL DE PRÁTICA DE ENSINO EM GEOGRAFIA, 10., 2009, Porto Alegre. **Anais...** Porto Alegre: UFRGS, 2009. p. 1-10.

TEIXEIRA, F. F.; TUBINO, V. M. C.; SUZUKI, J. C. Geografia e literatura: uma alternativa para o ensino da questão indígena nas salas de aula. In: ENCONTRO DOS GRUPOS DE PESQUISA, 5., 2009, Santa Maria. **Anais...** Santa Maria: Grupo de Pesquisa Educação Arte e Inclusão; Udesc, 2009, pp. 1-21.

TUAN, Y.-F. **Espaço e lugar**: a perspectiva da experiência. São Paulo: Difel, 1983.

VESENTINI, J. W.; VLACH, V. **Geografia crítica**: o espaço brasileiro. 4. ed. São Paulo: Ática, 2010.

VLACH, V. R. F. O ensino de geografia no Brasil: uma perspectiva histórica. In: VESENTINI, J. W. (Org.). **O ensino de geografia no século XXI**. Campinas: Papirus, 2004. p. 187-218.

Bibliografia comentada

ALBUQUERQUE, M. A. M. de. Dois momentos na história da geografia escolar: a geografia clássica e as contribuições de Delgado de Carvalho. **Revista Brasileira de Educação em Geografia**, Rio de Janeiro, v. 1, n. 2, p. 19-51, jul./dez. 2011.

O artigo apresenta a evolução histórica da Geografia escolar no Brasil, pautando-se nas características dessa disciplina durante os séculos XIX e as primeiras décadas do XX, indicando principalmente as contribuições de Delgado de Carvalho. Traz informações bastante relevantes sobre as metodologias e os materiais utilizados nesse período.

ALMEIDA, A. C. de; REIS, A. de O. N.; FERREIRA, M. S. A mídia impressa local: construindo e reconstruindo visões em sala de aula. In: KATUTA, Â. M. et al. (Org.). **Geografia e mídia impressa**. Londrina: Moriá, 2009. p. 149-167.

O texto aborda as reflexões de profissionais ligadas ao ensino de Geografia com o emprego do jornal em sala de aula. Além das questões teóricas, inerentes à prática docente, apresenta o relato de propostas de ensino com o uso de jornais locais, as quais tinham como objetivo aproximar o conteúdo de Geografia do cotidiano dos alunos.

ALMEIDA, R. D. de. Podemos estabelecer paralelos entre o ensino da leitura e escrita e o ensino de mapas? **Boletim de Geografia**, Maringá, v. 17, n. 1, p. 131-133, 1999.

O texto traz a discussão relativa ao processo de aquisição da linguagem cartográfica. Nesse sentido, a autora apresenta argumentos para demonstrar que esse processo, dada sua complexidade, não pode ser definido como *alfabetização cartográfica*, pois o termo é limitador para designar a aquisição dessa linguagem.

ALMEIDA, R. D. de; PASSINI, E. Y. **O espaço geográfico**: ensino e representação. 13. ed. São Paulo: Contexto, 2004. (Coleção Repensando a Geografia).

Esse livro se caracteriza como uma referência básica sobre a importância da leitura de mapas e a evolução da construção da noção de espaço no desenvolvimento das crianças. Além da discussão sobre os temas citados, apresenta várias propostas de procedimentos e atividades que podem ser realizados com crianças e adolescentes do ensino fundamental.

BARBOSA, J. L. Geografia e cinema: em busca de aproximações e do inesperado. In: CARLOS, A. F. A. (Org.). **A geografia na sala de aula**. 9. ed. São Paulo: Contexto, 2013. (Coleção Repensando o Ensino). p. 109-133.

O texto é uma referência essencial para aqueles que se interessam pela relação entre cinema e geografia. O autor apresenta vários elementos que devem ser levados em consideração na análise das produções cinematográficas em uma perspectiva geográfica, principalmente quando utilizadas no ensino da Geografia escolar.

BERALDI, F. B.; FERRAZ, C. B. de O. Diálogo necessário entre a geografia e a literatura infantil nas séries iniciais do ensino fundamental. **Para onde!?**, Porto Alegre, v. 6, n. 2, p. 188-196, jul./dez. 2012.

O artigo se apresenta como uma referência relevante para o aprofundamento da discussão da relação existente entre geografia e literatura infantil nas séries iniciais do ensino fundamental. O texto traz elementos que evidenciam como essa relação é importante para a construção da noção escalar, da compreensão das relações de vizinhança e da concepção de espaço vivido nas crianças.

BRAMBILA, J. E. M.; OLIVEIRA, R. M. G.; FRANCO, S. A. P. Leitura de charges: um projeto de intervenção para o ensino de geografia na educação básica. In: COLÓQUIO INTERNACIONAL DE EDUCAÇÃO, 4., 2014, Joaçaba. **Anais...** Joaçaba: Universidade Oeste de Santa Catarina, 2014. v. 2. p. 887-899.

No texto, os autores discutem a utilização das charges no ensino de geografia na educação básica. Para tanto, diferenciam esse gênero dos cartuns, das tirinhas e das caricaturas e apresentam uma perspectiva das possibilidades de uso desse recurso didático. Como meio de evidenciar a relevância das charges para a disciplina de Geografia, indicam propostas de encaminhamentos metodológicos, obtidos por intermédio de uma experiência em sala de aula.

BRASIL. Conselho Federal de Educação. Parecer n. 853, de 12 de novembro de 1971. **Documenta n. 132**, Rio de Janeiro, nov. 1971. Disponível em: <http://www.histedbr.fe.unicamp.br/navegando/fontes_escritas/7_Gov_Militar/resolu%E7%E3o%20n.%208-1971fixa%20o%20n%FAcleo%20comum.... pdf>. Acesso em: 7 mar. 2016.

Esse parecer apresenta todas as bases e explicações sobre a Lei de Diretrizes e Bases para o ensino de primeiro e segundo graus (Lei n. 5.692, de 11 de agosto de 1971), trazendo informações sobre as nomenclaturas utilizadas, justificativas para a organização curricular proposta, entre outros elementos que culminaram na promulgação da Resolução n. 8, de 1º de dezembro de 1971. É uma importante fonte primária de análise da concepção educacional política da década de 1970.

BRASIL. Conselho Federal de Educação. Resolução n. 8, de 1 de dezembro de
1971, **Diário Oficial da União**, Poder Legislativo, Brasília, DF, 17 dez. 1971.
Disponível em: <http://www.histedbr.fe.unicamp.br/navegando/
fontes_escritas/7_Gov_Militar/resolu%E7%E3o%20n.%208-1971fixa%20
o%20n%FAcleo%20comum....pdf>. Acesso em: 7 mar. 2015.

Essa resolução é uma fonte primária relevante para o entendimento do processo de criação das matérias do núcleo comum, indicadas na Lei de Diretrizes e Bases para o ensino de primeiro e segundo graus (Lei n. 5.692, de 11 de agosto de 1971). Apresenta as disciplinas que iriam compor as matérias do núcleo comum (Comunicação e Expressão, Ciências e Estudos Sociais), bem como seus objetivos.

CALLAI, H. C. A geografia e a escola: muda a geografia? Muda o ensino? **Terra Livre**, São Paulo, n. 16, p. 133-152, 2001.

O artigo propõe a discussão da geografia como componente curricular para a escola básica e a possibilidade de construção da cidadania. Considera-se a questão epistemológica da geografia e seu papel na escola no início do século XXI. Além disso, apresenta algumas possibilidades de tornar a geografia um ensino que leve à cidadania.

CAMPOS, R. R. de. Cinema, geografia e sala de aula. **Estudos Geográficos**, Rio Claro, v. 4, n. 1, p. 1-22, jun. 2006.

O artigo apresenta uma análise sobre o emprego dos filmes cinematográficos em sala de aula como recurso didático no ensino de geografia. Traz uma breve discussão sobre a indústria cinematográfica e indica as vantagens e limitações de sua utilização. Ao final, apresenta um inventário de filmes que podem ser usados em sala de aula, organizados por temas.

CARMO, W. R. do. **Cartografia tátil escolar**: experiências com a construção de materiais didáticos e com a formação continuada de professores. 123 f. Dissertação (Mestrado em Geografia) – Universidade de São Paulo, São Paulo, 2009.

A dissertação discute a importância da cartografia tátil escolar para pessoas com deficiência visual em escolas dos ensinos fundamental e médio. Demonstra a relevância da cartografia tátil na formação continuada de professores, além de apresentar várias sugestões de elaboração de mapas táteis com diversos tipos de materiais e finalidades.

CARNEIRO, S. M. M. Importância educacional da geografia. **Educar**, Curitiba, n. 9, p. 121-125, jan./dez. 1993.

O artigo apresenta uma reflexão sobre a contribuição da Geografia escolar para a formação dos alunos na educação básica. Para tanto, indica os principais objetivos dessa disciplina, demonstrando algumas habilidades técnicas e de pensamento que podem ser desenvolvidas com seu ensino. Traz ainda algumas perspectivas de encaminhamento metodológico para que a disciplina atinja seus objetivos e suas finalidades.

CARVALHO, A. L. P. A relação entre conteúdo acadêmico e conteúdo escolar no ensino da Geografia (algumas considerações sobre). **Revista Paranaense de Geografia**, Curitiba, n. 5, p. 73-79, 2000.

O artigo apresenta várias informações para se entender a especificidade da disciplina de Geografia na educação básica. Aborda algumas questões que influenciam a formação do currículo de Geografia, além de evidenciar a importância da viabilidade metodológica escolar dos conteúdos acadêmicos. Apresenta também reflexões pertinentes sobre o processo de formação de professores para os ensinos fundamental e médio.

CARVALHO, D. de. A excursão geográfica. **Revista Brasileira de Geografia**, Rio de Janeiro, IBGE, v. 3, n. 4, p. 864-873, out./dez. 1941.

Esse texto, apesar de ter sido publicado há mais de 70 anos, ainda é relevante para a discussão de ensino de Geografia, uma vez que argumenta sobre a importância de encaminhamentos metodológicos nessa disciplina para além da mnemônica e das longas descrições. Em razão disso, o autor demonstra a relevância das aulas de campo como meio de unir teoria e prática, de tornar os conhecimentos mais próximos aos alunos e de lhes despertar o interesse pela disciplina.

CASTELLAR, S.; VILHENA, J. **Ensino de geografia**. São Paulo: Cengage Learning, 2011. (Coleção Ideias em ação).

O livro é de metodologia de ensino de Geografia e se caracteriza por apresentar diversas propostas de situações de aprendizagem que envolvem distintos tipos de recursos e materiais didáticos. Baseia-se na concepção de que o processo de aprendizagem pode ser construído com base no conhecimento prévio dos alunos, nos conceitos científicos e na realidade.

CAVALCANTE, M. I.; NASCIMENTO, L. A. do. Literatura e geografia: uma abordagem do espaço em "A mulher que comeu o amante". **Espaço em Revista**, Catalão, v. 11, n. 1, p. 99-115, jan./jun., 2009.

O artigo discorre sobre o uso da literatura no ensino de geografia como um recurso didático importante para compreender o espaço geográfico. Para tanto, utiliza como exemplo a obra *A mulher que comeu o amante*, de Bernardo Élis, de fortes características regionalistas, a fim de demonstrar como o espaço não somente é importante para entender a trama, mas também como ele pode definir os personagens.

CAVALCANTI, L. de S. **Geografia e práticas de ensino**. Goiânia: Alternativa, 2002.

Nesse livro, estão presentes várias considerações sobre os objetivos do ensino de Geografia, a escolha dos conteúdos e a metodologia. A autora apresenta também algumas referências didático-pedagógicas para o ensino dessa disciplina e elementos sobre a formação de profissionais nessa área do conhecimento.

CAVALCANTI, L. de S. **Geografia, escola e construção de conhecimentos**. 18. ed. Campinas: Papirus, 2014. (Coleção Magistério: Formação e Trabalho Pedagógico).

Baseado na tese de doutorado da autora, o livro apresenta reflexões sobre a relevância da construção de conceitos geográficos pelos alunos, considerando as relações entre o conhecimento científico da geografia e os saberes construídos pelos alunos em situações escolares e no cotidiano. Com base em uma abordagem socioconstrutivista, a obra indica possibilidades didático-pedagógicas para o estabelecimento de ligações entre os conceitos cotidianos e os científicos na elaboração de uma consciência espacial.

CAZETTA, V. As fotografias aéreas verticais como uma possibilidade na construção de conceitos no ensino de geografia. **Caderno Cedes**, Campinas, v. 23, n. 60, p. 210-217, ago. 2003.

Nesse texto, a autora demonstra como as fotografias aéreas verticais em grande escala podem ser um importante recurso didático no ensino de geografia. A partir das pesquisas realizadas com alunos da 6ª série (atual 7º ano), a autora indica que a confecção de croquis com base nas fotografias aéreas se mostra um recurso pertinente para a construção do conceito de território usado e para a análise da ocupação e transformação do espaço pelo homem.

COCCIA, C. A. et al. Experiências didáticas com o jornal impresso. In: KATUTA, Â. M. et al. (Org.). **Geografia e mídia impressa**. Londrina: Moriá, 2009. p. 169-186.

O texto discute a utilização do jornal impresso como um recurso auxiliar no ensino dos conteúdos da Geografia no ensino básico. Trata da utilização do jornal impresso em sala de aula, considerando sua interação com o livro didático. Além disso, apresenta algumas propostas de encaminhamentos metodológicos utilizando esse recurso didático.

CORRÊA, R. L. Espaço, um conceito-chave da geografia. In: CASTRO, I. E. de; GOMES, P. C. da C.; CORRÊA, R. L. (Org.). **Geografia**: conceitos e temas. 10. ed. Rio de Janeiro: Bertrand Brasil, 2007. p. 15-47.

Esse capítulo de livro contribui para o entendimento do conceito de espaço no decorrer da história do pensamento geográfico. Apresenta um levantamento das abordagens, concepções sobre o conceito e teóricos de destaque em cada um dos principais paradigmas da geografia (tradicional, teorético-quantitativa, crítica, e humanista e cultural). Além disso, traz também algumas considerações sobre as práticas espaciais.

CORREIA, M. A. **Representação e ensino** – as músicas nas aulas de geografia: emoção e razão nas representações geográficas. 110 f. Dissertação (Mestrado em Geografia) – Universidade Federal do Paraná, Curitiba, 2009.

A dissertação mostra como a arte musical e seu aparato metodológico junto aos mapas mentais e às atividades didático-pedagógicas podem contribuir para a educação formal de alunos das séries iniciais do ensino médio. Pautado na perspectiva humanista cultural, busca demonstrar como o uso de canções em sala de aula facilita a comunicação e a função pedagógica da geografia.

COSTA, A. P. Ensino de geografia e mídia: relato de uma experiência em sala de aula. In: KATUTA, Â. M. et al. (Org.). **Geografia e mídia impressa**. Londrina: Moriá, 2009. p. 187-195.

Nesse texto, a autora descreve uma experiência em sala de aula utilizando o jornal impresso como recurso didático. As atividades relatadas pautaram-se na leitura crítica dos textos presentes nesse material e na busca por novas informações para além das existentes no jornal. Também apresenta algumas reflexões necessárias sobre as possibilidades de uso dos jornais impressos no ensino da educação básica.

JOLY, F. **A cartografia**. 6. ed. Campinas: Papirus, 2004.

O livro é uma referência básica para aqueles que se interessam pela cartografia. Nessa obra, o autor discorre sobre a linguagem cartográfica e a semiologia gráfica, os produtos cartográficos e as respectivas escalas, questões sobre a superfície terrestre com implicações para a cartografia, projeções cartográficas e os diferentes tipos de representação cartográfica. Além disso, demonstra a importância da cartografia para o planejamento e a gestão.

KAERCHER, N. A. Geografizando o jornal e outros cotidianos: práticas em geografia para além do livro didático. In: CASTROGIOVANNI, A. C. (Org.). **Ensino de geografia**: práticas e textualizações no cotidiano. 5. ed. Porto Alegre: Mediação, 2006. p. 135-169.

Nesse capítulo de livro, o autor propõe que o ensino de geografia seja mais voltado à realidade e ao cotidiano do aluno. Para isso, apresenta algumas propostas de atividades que podem ser realizadas em sala de aula. Entre as várias sugeridas, como pesquisas em supermercados, entrevistas, utilização de mapas, traz um detalhamento sobre uma proposta com o uso de notícias de jornais.

KATUTA, Â. M. Geografia, linguagens e mídia impressa. In: KATUTA, Â. M. et al. (Org.). **Geografia e mídia impressa**. Londrina: Moriá, 2009. p. 37-57.

O texto aborda as correlações entre o ensino da geografia e as linguagens no âmbito da construção do conhecimento, apresentando algumas reflexões sobre o uso da mídia impressa nessa área do conhecimento. Além disso, evidencia as vantagens e os cuidados necessários na utilização desse recurso em sala de aula.

LACOSTE, Y. **A geografia**: isso serve, em primeiro lugar, para fazer a guerra. 19. ed. Campinas: Papirus, 2012.

O livro é uma referência obrigatória para todos aqueles que se interessam pela discussão do papel e da importância da geografia. Nessa obra, o autor evidencia a existência de duas geografias: a primeira, de concepção estratégica, é utilizada como instrumento de poder por uma minoria, em especial, pelos dirigentes; a segunda, a dos professores, é desvinculada da realidade e, por isso, mascara a importância estratégica dos raciocínios centrados no espaço.

LIBÂNEO, J. C. **Didática**. 2. ed. São Paulo: Cortez, 2013.

O livro é uma referência para aqueles que se interessam pela didática, sejam professores, sejam alunos de graduação. Apresenta uma discussão bastante ampla sobre os vários aspectos que envolvem o processo de ensino-aprendizagem e traz informações sobre a história da didática e suas várias perspectivas teóricas, o processo de ensino nas escolas, os objetivos, os conteúdos e métodos de ensino, a organização e o planejamento e a avaliação.

MALYSZ, S. T. Estudo do meio. In: PASSINI, E. Y.; PASSINI, R.; MALYSZ, S. T. (Org.). **Prática de ensino de geografia e estágio supervisionado**. 2. ed. São Paulo: Contexto, 2011. p. 171-177.

Esse capítulo de livro é uma referência pertinente àqueles que se interessam pelas discussões sobre os estudos do meio. De modo bastante didático, a autora apresenta os principais pontos dessa metodologia, indicando os elementos necessários na organização de atividades que se pautem nessa proposta. Do mesmo modo, indica a relação profícua dos estudos do meio com a disciplina de Geografia escolar.

MARANDOLA JUNIOR, E.; GRATÃO, L. H. B. (Org.). **Geografia e literatura**: ensaios sobre geograficidade, poética e imaginação. Londrina: Eduel, 2010.

O livro é uma coletânea de ensaios que busca explorar a relação entre geografia e literatura. As discussões presentes no texto, realizadas por geógrafos, adotam como base a análise de obras literárias de distintos autores e, por isso, são bastante distintas quanto à abordagem. Os grandes temas presentes no livro são: as explorações geográficas, o sertão brasileiro, as cidades e as territorialidades e espacialidades.

MARTINELLI, M. Alfabetização cartográfica. **Boletim de Geografia**, Maringá, v. 17, n. 1, p. 134-135, 1999.

O texto discute sobre a importância da alfabetização cartográfica para a aquisição da linguagem cartográfica. O autor apresenta algumas contribuições teóricas que buscam definir a cartografia como linguagem, bem como demonstra sua relevância para a construção do conhecimento na educação básica.

MIRANDA, M. Sequendus Aristoteles. Da Ciência e da Natureza na Ratio Studiorum (1599). **Humanitas**, Coimbra, n. 61, p. 179-190, 2009.

Esse artigo representa uma fonte importante de pesquisa para aqueles que se interessam pelo estudo dos documentos que norteavam o ensino nos colégios jesuíticos. A autora detém-se na análise na Ratio Studiorum, de 1599, documento utilizado nos colégios jesuíticos no Brasil até a Reforma Pombalina.

MONBEIG, P.; AZEVEDO, A. de; CARVALHO, M. da C. V. de. O ensino secundário da geografia. **Geografia**, São Paulo, n. 4, 1935.

O texto é relevante por seu caráter histórico na discussão do ensino de geografia. Os autores indicam algumas proposições metodológicas para os distintos níveis de ensino, em especial, o secundário. Abordam também uma relação de conteúdos que deverão ser estudados em cada série.

MONTEIRO, C. A. de F. **O mapa e a trama**: ensaios sobre o conteúdo geográfico em criações romanescas. Florianópolis: UFSC, 2002.

Esse livro é essencial àqueles que se interessam pela discussão da espacialidade presente nas criações literárias. Nessa perspectiva, o autor busca fazer o exercício de apreciação de conteúdos geográficos em criações romanescas brasileiras.

MOREIRA, T. de A. Ensino de geografia com o uso de filmes no Brasil. **Revista do Departamento de Geografia – USP**, São Paulo, v. 23, p. 55-82, 2012.

O artigo tem a preocupação de contribuir com a discussão sobre o uso dos filmes no ensino de geografia no Brasil. Apresenta discussões de autores sobre o tema e as possibilidades e os limites de utilização desse recurso didático nas escolas brasileiras. Além disso, indica um inventário bastante extenso de filmes, organizados por temas, que podem ser utilizados em sala de aula.

MUSSOI, A. B. **A fotografia como recurso didático no ensino de geografia**. Programa de Desenvolvimento Educacional do Paraná. Guarapuava: Seed-PR; Unicentro, 2008.

O texto é interessante para professores que querem adotar o uso de fotografias no ensino de geografia na educação básica. Resultado de uma pesquisa no ensino, apresenta, além da discussão teórica, questões relacionadas aos encaminhamentos metodológicos a serem utilizados em sala de aula, que vão desde a escolha das imagens até as atividades possíveis de serem realizadas.

NADAI, E. Estudos Sociais no 1º Grau. **Em Aberto**, Brasília, ano 7, n. 37, p. 1-16, jan./mar. 1988.

O texto é uma importante fonte de pesquisa para aqueles que desejam entender de modo um pouco mais detalhado a evolução dos Estudos Sociais no Brasil. A autora apresenta informações bem relevantes que permitem identificar diferentes períodos na constituição e no desenvolvimento dessa matéria.

PARANÁ. Secretaria de Estado da Educação. **Diretrizes Curriculares da Educação Básica**: Geografia. 2008. Disponível em: <http://www.educadores.diaadia.pr.gov.br/arquivos/File/diretrizes/dce_geo.pdf>. Acesso em: 7 mar. 2016.

O documento foi elaborado como uma proposta de referência para o ensino de geografia na educação básica do Estado do Paraná. Apresenta discussões epistemológicas sobre a Geografia e seu objetivo no ensino, indicando também considerações sobre diversos tipos de recursos didáticos que podem ser empregados no ensino da disciplina.

PASSINI, E. Y. **Alfabetização cartográfica e a aprendizagem de geografia**.
São Paulo: Cortez, 2012.

O livro aborda a metodologia da alfabetização cartográfica, considerada essencial para a aprendizagem em geografia e o desenvolvimento do raciocínio espacial. Além da discussão teórica sobre o tema, a autora apresenta várias propostas de atividades com mapas e gráficos a serem desenvolvidas em sala, relacionadas à alfabetização cartográfica dos alunos.

PASSINI, E. Y. O que significa a Alfabetização Cartográfica? **Boletim de Geografia**, Maringá, v. 17, n. 1, p. 125-130, 1999.

Nesse texto, a autora propõe um debate relativo à discussão sobre a melhor definição para explicar o processo de aquisição da linguagem cartográfica. Entre as várias propostas existentes, ela argumenta o motivo da escolha do termo *alfabetização cartográfica*, traçando um paralelo com a aquisição da linguagem escrita. Do mesmo modo, explica os motivos da relevância da discussão sobre encaminhamentos metodológicos para a alfabetização cartográfica.

PASSINI, E. Y. (Org.). **Alfabetização cartográfica**: vivência de uma pesquisa-ação crítico colaborativa. Maringá: Eduem, 2009. (Coleção Fundamentum; 53).

O livro é um manual de orientação para professores das séries iniciais do ensino fundamental no que se refere às práticas didáticas para o desenvolvimento da linguagem cartográfica entre os alunos. Apresenta a discussão teórica que norteia a proposta e se detém na sugestão de atividades que envolvem vários temas e habilidades da geografia, em especial, as ligadas à linguagem cartográfica.

PEREIRA, D. Geografia escolar: identidade e interdisciplinaridade. In: CONGRESSO BRASILEIRO DE GEÓGRAFOS, 5., 1994, Curitiba. **Anais...** Curitiba: AGB, 1994. p. 76-83.

O artigo trata de questões relevantes sobre a especificidade e a identidade da Geografia escolar. Apresenta discussões sobre o objeto de ensino dessa disciplina, sua finalidade na educação básica e as características metodológicas que a distinguem das demais áreas do conhecimento presentes na educação básica. Inclui, ainda, uma reflexão sobre a interdisciplinaridade no ensino.

PEREIRA, S. S. A música no ensino de geografia: abordagem lúdica do semiárido nordestino – uma proposta didático-pedagógica. **Geografia Ensino & Pesquisa**, Santa Maria, v. 16, n. 3, p. 137-148, set./dez. 2012.

Nesse artigo, a autora discute a utilização da música como ferramenta didático-pedagógica no ensino de geografia. Além de questões teóricas pertinentes à temática, são apresentadas propostas em que algumas canções interpretadas por Luiz Gonzaga podem ser utilizadas no trabalho com os conteúdos referentes ao semiárido nordestino.

PINHEIRO, E. A. et al. O Nordeste brasileiro nas músicas de Luiz Gonzaga. **Caderno de Geografia**, Belo Horizonte, v. 14, n. 23, p. 103-111, 2. sem. 2004.

Os autores demonstram como a música pode ser um importante recurso a ser utilizado no ensino de geografia, trazendo importantes contribuições sobre as vantagens e os cuidados requeridos no emprego desse recurso. Além disso, apresentam propostas detalhadas de como algumas músicas de Luiz Gonzaga podem ser trabalhadas para melhor apreensão dos conteúdos relativos ao Nordeste brasileiro.

PONTUSCHKA, N. N.; PAGANELLI, T. I.; CACETE, N. H. **Para ensinar e aprender geografia**. São Paulo: Cortez, 2007. (Coleção Docência em Formação. Série Ensino Fundamental).

O livro tem como preocupação trazer uma discussão sobre a formação docente atual em geografia. Além de apresentar informações sobre a formação e evolução da Geografia escolar no Brasil, traz sugestões bem interessantes sobre recursos, materiais e metodologias que podem servir de inspiração a alunos de graduação, bem como a professores já formados e que desejam se atualizar.

REZENDE, D. F. et al. O uso de materiais didáticos no ensino de climatologia. **Revista Geonorte**, Edição Especial 2, v. 1, n. 5, p. 207-217, 2012.

O texto apresenta os resultados de um projeto desenvolvido por professores e alunos da Universidade de Goiás, em que foram trabalhadas questões de climatologia por meio do uso de pluviômetros, construídos com materiais recicláveis. O texto, além da apresentação do referido projeto, traz um detalhamento da construção do pluviômetro, permitindo a reprodução da atividade em outros locais.

SANTOS, M. **Metamorfoses do espaço habitado**: fundamentos teóricos e metodológicos da geografia. 6. ed. São Paulo: Edusp, 2008.

Nesse livro, o autor preocupa-se em discutir a geografia e o conceito de espaço no curso das transformações da sociedade em uma perspectiva analítica, e não apenas discursiva. Além da conceituação de espaço, ele apresenta uma relevante contribuição para a ciência geográfica, uma vez que distingue esse conceito de outros, como paisagem e configuração territorial, que, apesar de distintos, são relevantes para o entendimento do primeiro.

SILVA, E. I. da. Charge, cartum e quadrinhos: linguagem alternativa no ensino de geografia. **Revista Solta a Voz**, Goiânia, v. 18, n. 1, p. 41-49, 2007.

O texto traz uma reflexão sobre o uso de charges, cartuns e quadrinhos como recursos que contribuem para o ensino de Geografia. A autora apresenta a definição de cada um desses gêneros e aborda como eles podem ser importantes para o entendimento de diversos temas dessa disciplina, para a compreensão da análise em várias escalas, para o desenvolvimento do senso crítico e a melhor apreensão de informações presentes no cotidiano.

SILVA, I. A.; BARBOSA, T. O ensino de geografia e a literatura: uma contribuição estética. **Caminhos da Geografia**, Uberlândia, v. 15, n. 49, p. 80-89, mar. 2014.

Nesse trabalho, os autores apresentam algumas discussões teóricas sobre a relação entre geografia e literatura na educação básica, tendo como norteador os trabalhos interdisciplinares envolvendo essas duas áreas do conhecimento. Defendem que a prática que abrange as duas áreas viabiliza a ampliação da compreensão da geografia no cotidiano dos alunos.

SILVA, M. M. da. **O uso da linguagem musical no ensino de geografia**. 73 f. Monografia (Trabalho de Conclusão de Curso em Geografia) – Universidade Federal do Paraná, Curitiba, 2013.

Nesse trabalho, o autor busca demonstrar como a linguagem musical é relevante para o ensino de Geografia. Traz um levantamento teórico sobre as diversas linguagens no ensino dessa disciplina, pautando-se na musical. Além disso, apresenta várias propostas de ensino, congregando música, conhecimentos de geografia e outras linguagens (desenhos, textos etc.).

SIMIELLI, M. E. R.; GIRARDI, G.; MORONE, R. Maquete de relevo: um recurso didático tridimensional. **Boletim Paulista de Geografia**, São Paulo, n. 87, p. 131-148, 2007.

Nesse texto, as autoras relatam as experiências decorrentes da produção de maquetes como recurso didático para o ensino de geografia. Em razão da grande aceitação da proposta por parte de professores da educação básica, as autoras detalham os procedimentos metodológicos para a confecção de maquetes de relevo. É uma referência relevante para aqueles que desejam aprender as etapas de elaboração desse material.

SIMIELLI, M. E. R. et al. Do plano ao tridimensional: a maquete como recurso didático. **Boletim Paulista de Geografia**, São Paulo, n. 70, p. 5-21, 1991.

O texto tem como principal objetivo demonstrar as etapas metodológicas na elaboração de uma maquete de relevo do Brasil. As autoras evidenciam a relevância desse recurso didático para a relação entre abstrato e concreto e salientam que a maquete não pode ser um fim didático em si, mas sim um meio didático no qual vários elementos da realidade devem ser trabalhados conjuntamente.

SOUSA, R. R. de. Oficina de maquete de relevo: um recurso didático. **Terrae Didática**, Campinas, v. 10, n. 1, p. 22-28, 2014.

Para aqueles que se interessam pela confecção de maquetes de relevo, o artigo configura-se como uma referência pertinente. Apresenta não somente o relato de uma oficina realizada, mas também as etapas metodológicas de construção de uma maquete de relevo.

SOUZA, T. T. de; PEZZATO, J. P. A geografia escolar no Brasil: de 1549 até 1960. In: GODOY, P. R. T. de (Org.). **História do pensamento geográfico e**

epistemologia em geografia. São Paulo: Unesp; Cultura Acadêmica, 2010. p. 71-88.

Esse capítulo de livro traz considerações importantes sobre a história da Geografia escolar no Brasil, compreendendo os anos de 1549 a 1960. Para tanto, divide referido período em fases, de acordo com as especificidades de cada momento. Além disso, apresenta uma discussão sobre a constituição do currículo após a definição das disciplinas escolares.

TEIXEIRA, A. L.; FREDERICO, I. da C. Práticas interdisciplinares no ensino de geografia. In: ENCONTRO NACIONAL DE PRÁTICA DE ENSINO EM GEOGRAFIA, 10., 2009, Porto Alegre. **Anais...** Porto Alegre: UFRGS, 2009. p. 1-10.

Esse artigo apresenta algumas reflexões concernentes à inserção das diversas linguagens no ensino de Geografia. Entre as várias, destaca a utilização da música e o emprego da literatura nas atividades dessa disciplina, embora traga uma explicação mais detalhada dessa última linguagem. Assim, são indicadas algumas obras literárias que podem ser abordadas para o entendimento do espaço, principalmente o da cidade do Rio de Janeiro no século XIX.

TEIXEIRA, F. F.; TUBINO, V. M. C.; SUZUKI, J. C. Geografia e literatura: uma alternativa para o ensino da questão indígena nas salas de aula. In: ENCONTRO DOS GRUPOS DE PESQUISA, 5., 2009, Santa Maria. **Anais...** Santa Maria: Grupo de Pesquisa Educação Arte e Inclusão; Udesc, 2009, p. 1-21.

O texto apresenta considerações sobre a relevância da inserção da literatura no ensino de geografia, priorizando a questão indígena. Há indicações de obras da literatura indígena e as respectivas considerações e explicações, que podem ser utilizadas para discutir a temática em sala de aula.

VLACH, V. R. F. O ensino de geografia no Brasil: uma perspectiva histórica. In: VESENTINI, J. W. (Org.). **O ensino de geografia no século XXI**. Campinas: Papirus, 2004. p. 187-218.

O texto apresenta uma retrospectiva histórica da Geografia escolar no Brasil, detendo-se no período que abrange as geografias clássica e moderna. Exibe vários trechos de livros didáticos e textos que discutem a Geografia escolar e sua relação com a ciência, além de trazer os objetivos inerentes a cada fase.

Respostas

Capítulo 1

Atividades de autoavaliação

1. b
2. d
3. a
4. c
5. a

Capítulo 2

Atividades de autoavaliação

1. c
2. a
3. d
4. b
5. d

Capítulo 3

Atividades de autoavaliação

1. c
2. d

3. b

4. a

5. c

Capítulo 4

Atividades de autoavaliação

1. c

2. a

3. b

4. b

5. d

Capítulo 5

Atividades de autoavaliação

1. d

2. a

3. c

4. b

5. b

Capítulo 6

Atividades de autoavaliação

1. a
2. c
3. d
4. b
5. c

Sobre a autora

Patricia Baliski é doutoranda, mestre, bacharel e licenciada em Geografia pela Universidade Federal do Paraná (UFPR). Tem experiência nos ensinos fundamental, médio e superior, em instituições de ensino públicas e privadas. É docente no Instituto Federal do Paraná (IFPR), *campus* de União da Vitória.

Anexos

Figura A – Maquete com representação hipsométrica

John Elk III / Alamy / Fotoarena

Figura B – Exemplo de cartografia tátil elaborada mediante diferentes texturas e informações em braile

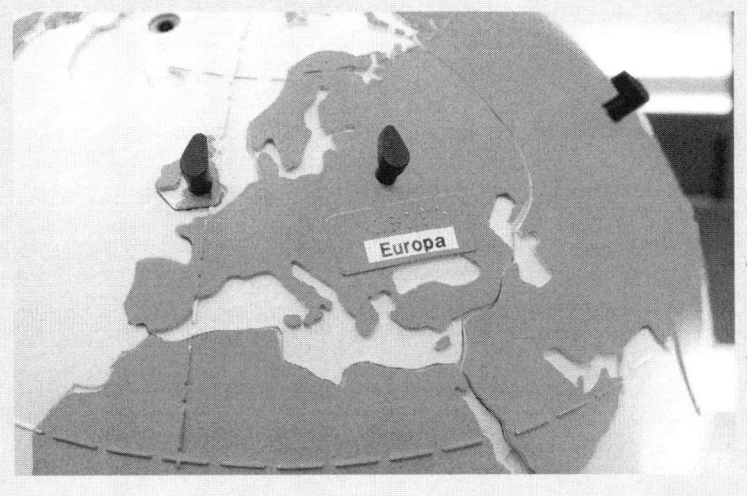

David M G/Shutterstock

Figura C – Exemplo de construção de um perfil de solo

Valdir de Oliveira/Fotoarena

Figura D – Etapas de construção do pluviômetro

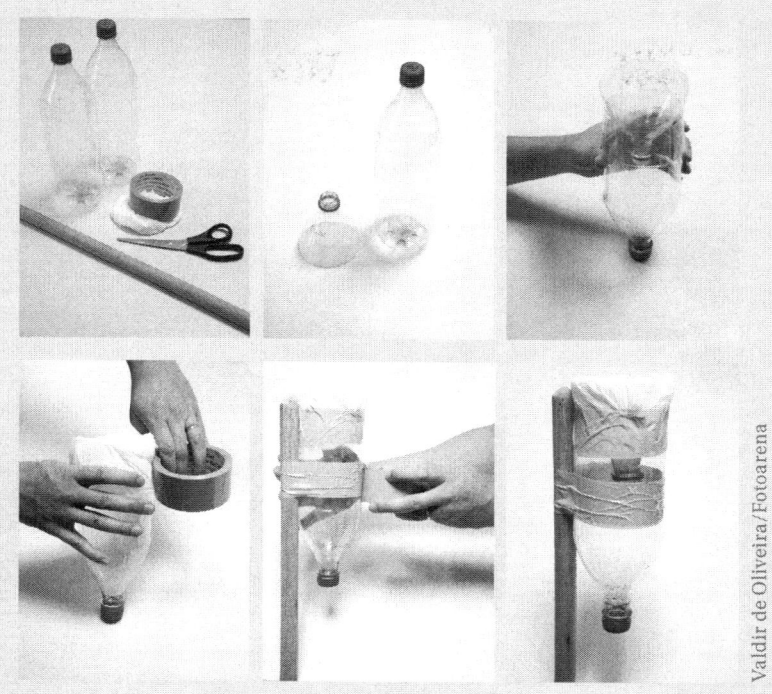

Valdir de Oliveira/Fotoarena

Impressão:
Fevereiro/2023